普通高等教育"十一五"国家级规划教材

全国高等医药院校药学类实验双语教材

药用植物学

Experiment and Guide For Pharmaceutical Botany

实验与指导 （第2版）

主编 王旭红

中国医药科技出版社

内 容 提 要

　　本教材为全国高等医学院校药学类实验双语教材。本书根据全国高等医学院校《药用植物学实验》教学大纲编写。全书共分为两个部分，第一部分为实验技术与方法，第二部分为基本实验内容共 27 个实验，涵盖了药用植物学的基本知识与实验操作技术，便于学生学习、记忆和应用。体现了理论与实践一体化，为学生可持续发展奠定了基础。本教材供高等医学院校药学类学生使用。

图书在版编目（CIP）数据

　　药用植物学实验与指导：汉、英/王旭红主编. —2 版 . —北京：中国医药科技出版社，2016. 2

　　全国高等医药院校药学类实验双语教材

　　ISBN 978 - 7 - 5067 - 8165 - 7

　　Ⅰ. ①药… Ⅱ. ①王… Ⅲ. ①药用植物学 - 实验 - 双语教学 - 医学院校 - 教学参考资料 - 汉、英 Ⅳ. ①Q949. 95 - 33

　　中国版本图书馆 CIP 数据核字（2016）第 031336 号

美术编辑	陈君杞
版式设计	郭小平

出版	中国医药科技出版社
地址	北京市海淀区文慧园北路甲 22 号
邮编	100082
电话	发行：010 - 62227427　邮购：010 - 62236938
网址	www. cmstp. com
规格	787 × 1092mm ¹⁄₁₆
印张	12½
字数	245 千字
初版	2004 年 9 月第 1 版
版次	2016 年 2 月第 2 版
印次	2018 年 7 月第 2 次印刷
印刷	三河市万龙印装有限公司
经销	全国各地新华书店
书号	ISBN 978 - 7 - 5067 - 8165 - 7
定价	**38. 00 元**

序

  教学是学校人才培养的中心环节，实验教学是这一环节的重要组成部分。《教育部、财政部关于"十二五"期间实施"高等学校本科教学质量与教学改革工程"的意见》要求进一步推进高等学校实验教学改革与创新，促进创新人才成长。《全国高等医药院校药学类实验双语教材》是中国药科大学自 2005 年以来坚持药学实践教学改革，突出提高学生动手能力、创新思维，通过承担教育部"世行贷款——21 世纪初高等教育教学改革项目"等多项教改课题，逐步建设完善的一套与药学各专业学科理论课程紧密结合的高水平双语实验教材，也是普通高等教育"十一五"国家级规划教材。

  本轮修订，适逢《全国高等医药院校药学类第四轮规划教材》及 2015 年版《中国药典》出版，整套教材的修订强调了与新版理论教材知识的结合，与 2015 年版《中国药典》、新版《药品质量管理规范》（GMP）等新颁布法典法规结合，为更好的服务于新时期高等院校药学教育与人才培养的需要，在上一版的基础上，进一步体现了各门实验课程自身独立性、系统性和科学性，又充分考虑到各门实验课程之间的联系与衔接，主要突出了以下特点。

  1. 适应医药行业对人才的要求，体现行业特色 契合新时期药学人才需求的变化，使修订后的教材符合 2015 年版《中国药典》及新版 GMP、新版 GSP 等国家标准、法规和规范以及新版国家执业药师资格考试大纲等行业最新要求。

  2. 更新完善内容，打造教材精品 在上一轮教材基础上进一步优化、精炼和充实内容。紧密结合《全国高等医药院校药学类第四轮规划教材》，强调与实际需求相结合，进一步提高教材质量。

  3. 坚持双语体系，强调素质培养 教材以实践教学为突破口，采用双语体系编写，有利于加快药学教育国际接轨，提高学生的科技英语水平，进一步提升学生整体素质。

  《全国高等医药院校药学类实验双语教材》历经十年三轮建设，在各个时期广大编写教师的努力下，在广大使用教材师生的支持下日臻完善。本轮教材的出版，必将对推动新时期我国高等药学教育的发展产生积极而深远的影响。希望广大师生在教学实践中对本套教材提出宝贵意见，以便今后进一步修订完善，共同打造精品教材。

吴晓明

全国高等医药院校药学类规划教材常务编委会主任委员

二〇一五年八月

前　言

药用植物学是药学相关专业的基础课，也是一门实验性、直观性很强的学科，其实验和实习是整个教学过程中极为重要的环节。

本书根据全国高等医药院校《药用植物学实验》教学大纲编写，以大纲规定的实验内容为主，并做了必要的补充与扩大。实验内容在第一版的基础上，做了适当的调整，使之更具完整性、系统性。目的是使学生通过实验课的学习，能够灵活掌握药用植物学的基本概念、基本理论和实验的基本技能及技术，更好地培养学生的科研素质。

本教材分为两篇，第一篇是实验的基本技术和方法。主要介绍了显微镜、体式显微镜的结构和使用；显微绘图方法；植物组织制片技术；植物标本的采集和制作；增加了植物数码显微互动实验系统和药用植物学野外实习等内容。第二篇为实验内容，共27个实验。为了使学生全面系统地掌握药用植物学知识，在植物组织、植物器官、被子植物门中增加了部分内容，使用时也可根据各自的教学安排逐个进行或灵活选择。同时在每个章节里增加了综合实验及实践，有意加强学生的独立动手能力、实验设计能力、综合实验能力及研究创新能力，有意培养学生独立思考和独立解决问题的良好素质。每一实验后附有思考题，以启发学生思考，并起到减少实验中的错误率的作用。

本教材实验部分为中、英文双语教材，每一实验的中文部分在前，英文部分在后，文中插图均编排在中文部分，英文中不再出现。

书后附有被子植物分科检索表，拉丁学名索引及实验药剂的配制方法，便于使用者查找。

本书为全国医药院校本、专科的教科书，也可作为有关专业的继续教育用教材或自学教材。

限于编者水平和时间，疏漏、不妥之处在所难免。热切希望各位读者提出意见和批评。

编　者
2015 年 12 月

Preface

Pharmaceutical Botany is a basic course for majors relating to pharmacy, a subject with strong testbed and visualizability, and the very important parts through the whole process of instruction are experimentation and practicing.

This textbook is based on the Syllabus of Pharmaceutical Botany for undergraduate students of national medical colleges and universities, compiled mainly according to the demanded experiment contents authorized by the Syllabus. In addition, the author made some essential supplement and augmentation to the above in accordance with her perennial teaching experience. The contents of this book have been adjusted properly under the basis of previous edition to make it more integral and more systematic, in order to have students to be able to command flexibly the basic concepts, theories of Pharmaceutical Botany, and to grasp skills and techniques for the experiment of the subject. Furthermore, by doing so, the scientific research quality of the students can be cultivated systemically.

This textbook is divided into two parts. The fundamental skills and techniques needed in the experiments have been discussed in the first part, where the structures and usages of the microscope and the anatomical lens; and method of microscopic drawing, and many kinds of techniques for mounting plant tissue slice are taught. That how to collect and make up plant species also discussed in the first part. Besides, we have added the digital microscopic interactive experiment system for plant and field investigations of Pharmaceutical Botany in the thirst part.

In the second part, there are twenty seven experiments. For the purpose of making students to command knowledge of Pharmaceutical Botany thoroughly and systemically, some contents including plant tissues, plant organs and angiospermae has been increased and modified properly. The experiment contents could be instructed one by one or be added and/or deleted flexibly according to the specific teaching arrangements. In the meanwhile, comprehensive experiments and practicing have been added intentionally in each chapter, aiming at reinforcing the students' abilities to manipulate independently, and strengthening their capabilities of experiment design, capabilities of doing comprehensive experiment and the capabilities of bringing forth new ideas in their researches, and purposely, to cultivate their qualities for independent thinking and abilities to solve problems on their own.

There are some questions for thinking over after each experiment, which could play a role in stimulating students' initiative and reducing their rate of making mistakes when doing experiments.

This textbook is a Chinese – English bilingual teaching material, and the Chinese part of each experiment is preceding to the correspondent English one, and all the illustrations are lay out in the Chinese part of each experiment.

For the convenience of readers, there are retrieval key of angiosperm for identifying family, index of Latin family names and methods of making up chemicals required in the experiment, which all attached to the back of the book.

This book could be applied as a textbook for undergraduate students or technical students of national medicinal colleges, and it may also be used as a continuing teaching material for persons who may concerned, or reference book for self – teaching.

Confined to theacademic level of the author and limited time, oversights and inappropriate points could not be avoided completely, so that any good opinions and suggestions would be adopted earnestly by the author.

Author
December, 2015.

目　录　Contents

第一篇　实验的基本技术与方法

第一章　显微镜 / 3

第二章　基本实验技术 / 12

第二篇　实验内容

第三章　植物细胞　/ 30

第四章　植物组织　/ 45

第五章　植物器官　/ 60

第六章　植物分类学　/ 101

绪　论
Preface

一、实验课的教学目的和意义

药用植物学是一门实验性很强的学科，在大多数学校的教学安排中，其理论课与实验课的课时之比为1∶1，可见实验课的重要性。掌握实验课的内容及实验技术是以后的学习和科研的基本素质。实验课教学要达到的目的和意义（Purpose and Meaning of Teaching Erperiment）如下。

1. 验证理论知识，把理论课中较抽象的概念在实验中具体地展示，从而加深和巩固所学的理论知识。同时提高了学习兴趣。

2. 掌握有关植物学实验和研究的基本技术，培养学生独立工作的能力。

3. 培养严肃认真的科学态度与实事求是的工作作风。

二、实验室规则

学生进入实验室，必须遵守实验室规则（Regulation of Laboratory），且服从实验老师的安排。现就实验室规则叙述如下。

1. 学生应按时进入实验室，不迟到，不早退，不允许无故缺席实验课。

2. 按号使用显微镜和解剖镜。使用前要检查，使用后要擦拭整理。如发现损坏或发生故障要及时报告指导教师。

3. 爱护实验仪器和植物标本，损坏物品应及时报告教师，及时登记。

4. 严格按照要求进行实验。使用仪器、试剂、药品时应注意安全，节约药品及水电。

5. 学生应严格按照实验步骤认真操作，培养严谨细致的科学精神，提高实验技能。

6. 保持实验室清洁，不随手丢杂物。每次实验结束，每位同学应清洗用具，清洁台面，各种物品放回原处。值日生清洁实验室，检查水、电、火、门、窗。

三、实验课进行的方式及对学生的要求

实验课进行的方式及对学生的要求（Way of Experiment and Demand for students）

1. 实验前必须预习"实验教材"的有关内容，了解实验的基本步骤、方法和内容，并准备好所需的物品。大多数实验仪器、药品及用具，实验老师已准备就绪，不

需学生准备。需要学生自己准备的物品有：实验教材、实验报告、实验服、HB 和 2H 或 3H 铅笔各一支、尺子及橡皮等。

2. 必须在上课前 5～10 分钟进入实验室，做好实验前的准备工作。

3. 教师于开始实验前明确对当天工作的要求并讲解实验操作中的重点和难点。实验时，要求学生独立完成，学生应勤于思考，认真操作，仔细观察，分析比较、记录和绘图。在遇到困难时，应积极思考、分析，争取自己解决，实在解决不了时，再请指导教师帮助。

4. 实验报告应认真仔细，绘图准确、美观、字迹工整，简明扼要，条理清楚，并按时交实验报告。

5. 必须严格遵守实验室规则。

第一篇 实验的基本技术与方法
Part I Using of Apparatus and Basic Skills and Techniques for Experiment

第一章 显微镜
Chapter I   The Microscope

15 世纪初，人们在简单放大镜的基础上发明了单透视型显微镜，后来又研制出第二次放大图像的复式显微镜。显微镜的发明使我们观察到肉眼所不能看到的微小生物结构，显微镜成为生物学研究及教学中不可缺少的工具。尽管近代科学的发展已普遍使用了电子显微镜，但在目前一般科研和教学中，显微镜仍不失为一种较为精密的、较为便捷的、重要的生物观察仪器。因此，每位同学都必须很好地掌握显微镜的构造和使用方法，并学会最起码的维护保养显微镜的知识，以延长它的使用时间。

第一节 显微镜的构造及使用
I. Sturcture and Type of Microscope

一、显微镜的构造

显微镜的种类较多，其构造和功能也不尽相同。目前，学生使用的显微镜多为普通的光学显微镜，显微镜的构造（Structure and Type of Microscope）可分为光学系统和机械系统两大部分。现分述如下：

（一）机械系统

1. 镜座

显微镜的底座，用以稳固和支持镜身。

2. 镜柱

镜座后方向上直立的部分，用于连接镜座和镜壁。

3. 镜臂和倾关节

镜臂是连接镜柱和镜筒的弯曲部分，便于右手握住显微镜。镜臂和镜柱相连接处，有一个倾斜关节，可以使显微镜倾斜，以便观察。但注意在水封片时，不宜倾斜。近几年生产的显微镜，镜柱、镜臂连成一体，无倾关节。

4. 载物台

安放标本片的平台，方形或圆形，中央有一通光孔，在通光孔的后方有一对金属压片（或卡尺），用以固定标本片。且通光孔的后方有一个推进器，可以使切片较灵活地向前后左右移动。

5. 物镜转换器

呈圆盘形，固定在镜筒下端，其上有 3 ~ 4 个物镜螺旋口，可顺序安装低倍镜、高倍镜和油镜。旋转转换器，可将所需的物镜转移到（固定在）镜筒的正下方，使物镜的光轴与目镜的光轴同心。

6. 镜筒

中空的圆筒，有单镜筒和双镜筒两种。镜筒的上端安装目镜，下端连接物镜。镜筒有直立式和倾斜式（炮台式）两种。

7. 调焦装置

为了得到清晰的物像，必须调节物镜和标本间的距离，即调焦。通常在镜臂的下端，镜臂的两侧，有两对齿轮，大的一对叫粗调节器，转动时，可以使镜筒上下升降，转动一圈可以升降 10mm，小的一对为细调节器，旋转一圈使镜筒升降 0.1mm。

（二）光学系统

1. 目镜

安装于镜筒的上端，又叫接目镜。由一组透镜组成，作用是把被物镜放大了的实像进一步放大。常用目镜的放大倍数有 8 ×、10 ×、15 ×，放大倍数越低，其镜头的长度愈长，反之亦然。

2. 物镜

安装在物镜转换器上，是决定显微镜性能的最重要部件，一般显微镜上有 3 ~ 4 个物镜。10 × 以下的为低倍镜，40 × ~ 60 × 的为高倍镜，90 × 以上的为油镜。放大倍数愈低，物镜头愈短，透镜直径愈大，反之亦然。

思考：物镜前端至标本片之间的距离叫工作距离，试比较低倍镜和高倍镜何者的工作距离的大？何者透入的光亮度强？（为什么？）

3. 集光器

位于载物台通光孔的下方。它能把反光镜反射的光线集中起来，透过通光孔射到标本片上，可上下调节，以得适宜的光度。但一般以集光器上端稍稍低于载物台平面约 0.1mm 高度为宜。

集光器主要包括聚光透镜和虹彩光圈（可变光阑），聚光透镜由 1 到数块透镜组成，虹彩光圈位于聚光镜下方，由十余片金属片组成，中心部分形成一圆孔，推动虹彩光圈的把手，可调节光圈的大小。

有的显微镜无集光器，只有一块可转动的金属圆盘直接装在载物台下面，叫做集光板。集光板上有许多大小不等的圆孔，可控制光束的大小。

4. 反光镜

由平面镜和凹面镜组成的双面镜，位于集光器的下方，它可以旋转。作用是使光源发出的光线射向集光器。凹面镜较平面镜反射的光线强。

二、显微镜的类型

显微镜是生物科研领域中常用和必不可少的光学仪器，显微镜发展至今一般可分为光学显微镜和电子显微镜两种。同学们学习期间常用的是光学显微镜，光学显微镜又根据使用的目的、观察的对象及显微镜本身的结构不同有着众多类型，如红外显微镜、相差显微镜、荧光显微镜、偏光显微镜、干涉显微镜、紫外显微镜、暗视野显微镜等。随着显微镜技术的不断改进和提高，显微镜的种类还会增加，显微镜的应用范围也会越来越广泛。

三、显微镜的成像原理

显微镜的目镜和物镜各由若干个透镜组成，但可看成是一个凸透镜。显微镜的成象原理（Imaging Principle）如图 1-1 所示。小物体 O_1 放在聚光镜和物镜之间，平行的光线自反光镜向上折入聚光器，光线经过聚光器因而集中，向上透过实验标本（因此实验标本应是透明的），进入物镜，然后即在目镜焦点平面（光阑部位或在它的附近）形成了一个经第一次放大的倒置的实像（O_2）。从初生实像射来的光线，经过目镜而到达眼球（O_3）。也就是说，我们用目镜观察这个倒的实像时，又经过一次放大。因此，当我们观察实验标本时，所看到的最后物像，是经二次放大的、方向相反的倒置的虚像（O_4）。这样倒置的像，常使初学使用显微镜的人发生困难，需要经过一段时间的实践，才能习惯，操作自如。从眼球到放大的虚像之间的距离叫明视距离，它的长度为 250mm，这是明视显微镜中物像的最适宜的距离。

四、显微镜的常用附加设备

（一）指针

指针安装于显微镜的目镜上，可以指示视野中的某一结构。现在新购显微镜上常配有指针，如无指针，可以自己安装。方法如下：将目镜的上盖（一片透镜）旋下，剪取 5mm～10mm 长一段头发或细钢丝（其长度约等于目镜的半径），用镊子夹住头发或细钢丝，将另一头蘸上少许加拿大树胶，将其粘在目镜内壁的金属光栏上，注意使指针尖端位于视野的中央，稍干后，旋紧上盖即可使用。

（二）显微描绘器

描绘器类型多样，但常用的描绘器有以下两种。

1. 反光镜描绘器

使用时将反光镜描绘器装入目镜筒上，在有较强光源的桌面上放置一绘图纸，将光源对准反光镜，使光源透过镜筒，反光镜描绘器使物像反射于桌上的图纸上，即可进行描绘。

2. BH_2 - DA 描绘器

奥林巴斯工厂（OLYMPUS）生产的 BH_2 - DA 描绘器，使用时应先准备 BH_2 研究用显微镜一台，将 BH_2 - DA 描绘器安装于 BH_2 显微镜上，调节焦钮，使物像清晰，即可进行描绘。

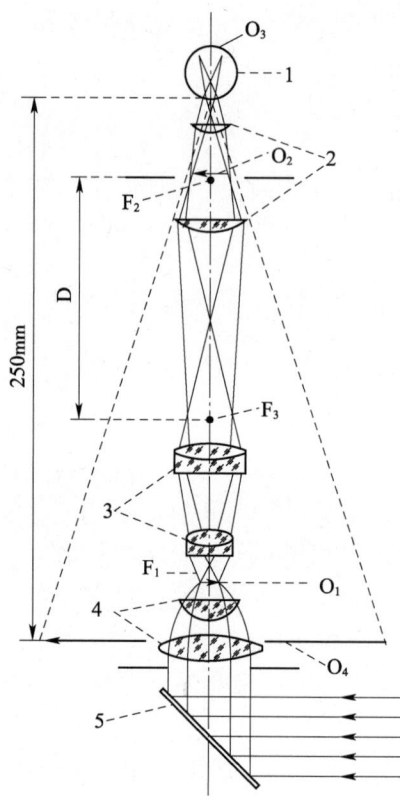

图 1-1 显微镜的成像原理

O_1. 小物体 O_2. 物镜形成的 O_1 的实像 O_3. 人眼中 O_1 的实像 O_4. O_1 高倍放大的虚像

1. 人眼 2. 目镜 3. 物镜 4. 聚光镜 5. 反光镜 F_1. 物镜前焦点 F_2. 目镜焦点 F_3. 物镜后焦点 D. 光学筒长

（三）测微尺

常用的测微尺包括台式测微尺和目镜测微尺两种。

1. 台式测微尺

一种特制的载玻片，中央有一个具刻度的标尺，全长 1mm，共分成 100 小格，每一小格长 0.01mm，即 10μm。如图 1-2 所示，左图为放大的标尺，右图为具标尺的载玻片。

2. 目镜测微尺

放在目镜内的一种标尺，为一块圆形的玻璃片，直径 20mm～21mm，正好能放入目镜内，上面刻有不同形式的标尺。有直线式和网格式的两种。直线式的常用来测量长度，共长 10mm，分成 10 大格，每 1 大格又分成 10 小格，共计 100 个小格。网格式的测微尺可以用来计算数目和测量面积（图 1-3）。

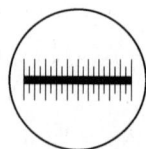

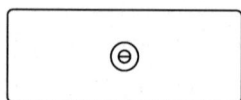

图 1-2 台式测微尺

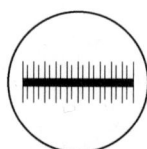

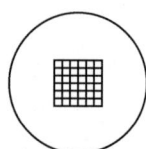

图 1-3 目镜测微尺

3. 长度测量法

必须以目镜测微尺和台式测微尺配合使用。首先必须记下显微镜的号码及放大倍率，然后把台式测微尺上的刻度调节清楚，再将上述两种测微尺的刻度重合，选取成整数重合的一段，记录下二者的格数（图1-4），最后计算出目镜测微尺每格的长度，即目镜测微尺的格值（μm）=

$$\frac{台式测微尺的格数}{目镜测微尺的格数} \times 10\mu m$$

例如目镜测微尺的100格，等于台式测微尺的50格，即目镜测微尺每格实际长度为5μm。注意不同镜子或不同放大倍率，目镜测微尺每格实际长度不同。

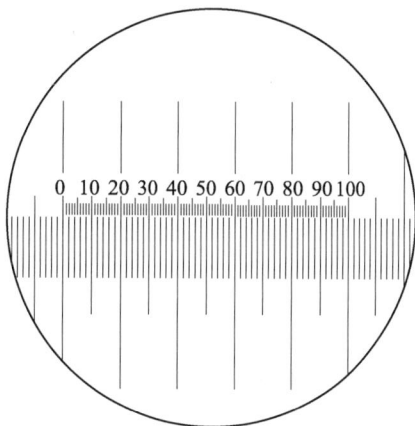

图1-4 目镜测微尺的格值

五、显微镜的使用、保养及维修

（一）显微镜的使用

显微镜是一种精密的光学仪器，其使用有严格的步骤。显微镜在使用时，必须严格按照程序进行。

1. 取镜

按指定的镜号，小心地从橱内的镜箱中取出显微镜，取镜时必须一手握住镜臂，一手托住镜座，并轻轻放置于座位的左前方，离实验桌边缘约1寸的桌面上。

2. 对光

在使用显微镜时，必须从低倍镜开始，即先转动转换器，使低倍镜位于镜筒的正下方，并调节粗调节器，使低倍镜与载物台之间的工作距离约为2cm。然后，左眼对准目镜（单目）向下观察，同时用手将反光镜对向光源，使光线反射入镜筒，直至左眼看到的整个视野呈均匀的白色为止。对好光后，勿再移动显微镜或反光镜。如显微镜本身带有光源，只需接通电源，打开开关，把光亮度调到适中即可，无需对光。

3. 低倍镜观察

（1）将所需观察的标本片，放在载物台上。盖玻片朝上。使标本位于通光孔的中央，用压夹或卡尺固定标本片。

（2）先自旁侧注视物镜，并旋转粗调节器将镜筒徐徐下降，使物镜与标本片相距约1cm。然后于目镜中观察，如不见物像，则再慢慢地旋转粗调节器，使镜筒向上提升，直至出现物像，改用细调节器调节，使物像清楚明晰即可。

（3）见到物像后，若感觉视野内的光线过强或过弱时，可调节集光器或集光板等，一般未经染色或染色较浅的标本片，在光线略暗的情况下更有利于分辨。

（4）使用显微镜时应保持两眼睁开。

4. 高倍镜观察

从低倍镜换到高倍镜时，应注意以下几点。

（1）必须先在低倍镜下看到清晰的物像。

（2）将所需放大的部分移至视野的中央，再转换高倍镜。

（3）转换高倍镜后，因工作距离很小，所以只需旋转细调节器就能看清物像。

（4）此时视野内的光亮度必然比低倍镜时弱，可放大虹彩光圈，以增加光强度。

5. 收镜

观察完毕，在取下标本片以前，应将物镜移开，再抽出玻片，以免因磨擦而损坏物镜。下降镜筒，竖直反光镜，并按取镜要求对号归入显微镜橱的镜箱中。

（二）显微镜的保养及维修

作为一种常用的精密仪器，显微镜使用寿命的长短和使用效果与使用习惯、保养有直接的关系，因此，应学会显微镜的基本保养知识和方法，以延长显微镜的使用寿命，提高显微镜的使用效果。

1. 光学系统的保养

最主要的是注意防霉、防腐蚀和防止磨损，必须让目镜、物镜、集光器和反光镜保持清洁干燥。在霉雨季节，更须经常检查，不能经常将镜头摘下或拆开。在使用显微镜前后，对光学系统要用特备的绸布或擦镜纸擦拭，切不可用粗糙物件、手帕等擦拭。目镜或物镜上如沾有油污或胶类时，可用绸布蘸少许乙醚乙醇溶液（乙醚－无水乙醇＝7:3）或二甲苯擦拭，再用干净擦镜纸擦干。若物镜或集光镜上沾有其他化学药液时，应该立即用擦镜纸将药液擦去，再用乙醚乙醇液擦拭，最后用擦镜纸擦干。乙醚乙醇液或二甲苯用量不宜太多，且不可久擦，否则易使复式透镜间的胶质溶解，而使各层透镜松落，目镜和物镜不可任意摘下或打开，以免灰尘落入。

2. 机械装置部分的保养

显微镜的机械装置如需清洁可用细软布擦拭，不可用乙醇乙醚液或二甲苯等有机溶剂去擦，不用时应常上润滑油。旋转物镜转换器时，切勿用手指捺住两个物镜头去带动转换器，这样久而久之会使镜头的光轴弯曲，转换器和调焦齿轮不可随意扭动或拆卸。金属部分遇水易生锈，除平时注意清洁干燥外，应避免观察时因呼吸而使水汽凝聚在镜筒或镜臂上面，因此，在寒冷季节可用硬纸片剪成帘状物套在镜筒上端。

在观察临时标本片时，一定要加上盖玻片，同时尽可能不用倾斜关节使载物台倾斜，以免标本片内的溶液流动影响观察和沾污载物台。

显微镜不可放于日光下曝晒，不要和化学试剂放在一起，用毕，必须擦拭后放入备有干燥剂的镜箱内。

显微镜的使用频率高，使用时间长，使用人数多，如不爱护或不严格遵循操作规范使用极易造成损伤，因此，应定期请专业人员维护和保养。

第二节　体式显微镜的构造与使用
II. Anatomical Lens

体式显微镜也是一种常用的光学仪器。体式显微镜又称为实体显微镜或解剖镜，它的工作距离较长，可以在镜下边解剖边观察。另外，它还具有成像立体感强，制片要求简单，保持材料生活状态等优点。

一、体式显微镜的构造

与显微镜一样，体式显微镜也包括机械系统和光学系统两部分。

（一）机械系统

1. 镜座

解剖镜的底座，起固定和支持镜体的作用。有的体式显微镜的镜座中间安装有光源。

2. 载物台

位于镜座的中间，通常有黑、白两面（可翻动）。载物台的后方有两个压片簧用来固定标本片。

3. 镜壁

位于镜体的后方，便于手握。

4. 调焦装置

转动时可以使镜身升降以调节焦距。

5. 变倍转盘

转动该转盘可以改变物镜的放大倍数。

6. 镜筒

位于镜体的上方，2 个。右侧镜筒上安有视度调节圈，用于调节右侧目镜的焦距。两个镜筒间的距离可以因各自的眼距而调节。

（二）光学系统

（1）目镜：安装在镜筒上端，2 个。能把被物镜放大了的实像进一步放大，有 10 ×、20 × 等。

（2）变倍物镜 1 × ~ 4 ×。

二、体式显微镜的使用方法

1. 取镜

按指定镜号，小心地从橱内的镜箱中取出体式显微镜，取镜时必须一手握住镜壁，一手托住镜座，注意切勿把工作台板碰落到地上。

除去目镜筒上防尘罩，安装上所需的目镜。根据观察物体颜色，选择载物台的黑面或白面。调节好工作距离。

2. 对光

如是内置光源的体式显微镜，插好插座，打开电源开关即可；如无内置光源，则让镜身朝向外光源，从目镜中观察，调节到视野中光线均匀、亮度适合，即对光完成。

3. 调焦

将观察物体移至载物台的中心位置，转动调焦装置，使能看到清晰的物像（如右面目镜的物像不清晰，则可转动视度调节圈，使之得到与左面目镜同样清晰的物像）。调节双目距离使之与观察者眼距一致。为了得到适当放大倍率，可拨动变倍转盘，改变物镜的放大倍率。

4. 还镜

取走标本，清洁载物台，内置光源的体式显微镜应关闭电源，拔下插座，双手置体式显微镜归于原处。

三、体式显微镜的保养

体式显微镜的保养（Maintain and Service）应注意：光学系统注意防霉、防腐蚀和防止磨损。在拿取体式显微镜时注意切勿把工作台板碰落到地上。

解剖镜镜头不得自行拆开，如镜面有污秽时，可用擦镜纸蘸乙醚、乙醇液擦拭。任何螺丝转动有困难时绝不能过度使力，应报告指导教师查明原因，清除障碍。体式显微镜不用时，应放入镜箱内或用罩子罩好。

第三节　数码显微互动实验系统
Ⅲ. Diqital Microscopic Interactive Experiment System

数码显微互动实验系统是针对显微镜实验教学而设计，它充分利用了目前先进的网络传输及多媒体技术、显微数码成像技术等先进技术。系统拥有高质量的影像实时传输，实现教师与学生进行全面实时互动，监控学生的实验操作情况，具备下达任务、提交作业等多项功能。数码显微互动实验系统使实验教学更为生动、有效。

一、数码显微互动实验系统的组成

主要由教师端显微图像处理系统、学生端显微图像处理系统、网络单元三部分组成。

（1）教师端显微图像处理系统：包括一台教师端（主控台）显微镜，一台教师端摄像机，一台微机，一套教师端数字显微图像处理软件组成。工作原理是，显微镜下的图像通过摄像机采集到微机中进行图像处理。

（2）学生端显微图像处理系统：多台学生端显微镜，多台学生端摄像机，多台学生端微机，学生端图像处理软件。

（3）网络单元：此单元由网络交换机、综合网络布线和一套专业的网络软件组成。

二、数码显微互动实验系统的主要功能

（1）屏幕监控：教师端屏幕可以对一台或多台学生端显微镜进行实时显示和监控。教师可以通过软件下达任务，直接取得任一学生机的鼠标控制权，对学生端微机进行操作。

（2）学生屏幕转播：教师可以选择任一学生的图像转播到任一其他学生。

（3）网络影院：实现 VCD、DVD 的播放。

（4）语言教学：可进行语言广播，师生交流，学生广播，分组讨论等。

（5）作业布置及作业提交：教师可以将作业文件下发，学生可分别提交。

三、数码显微互动实验系统的操作步骤

1. 打开电源，启动教师端、学生端电脑。

2. 打开教师端、学生端数码互动实验的系统软件。

3. 利用显微镜或体式显微镜进行实验观察。

4. 实验结束后关闭显微镜电源，关闭教师端、学生端电脑。

5. 清洁卫生，整理物品。

6. 检查水、电、火、门、窗等安全。

第二章 基本实验技术
Chapter Ⅱ Basic Experiment Techniques

第一节 植物制片技术
I. Mounting Technique for Plant Tissue

一、各种制片用的基本设备和常用试剂

在制作各种植物组织制片前，必须备齐制片过程中的基本设备及各种试剂，这样才能保证制片顺利完成，现就各种制片中常用的基本设备及试剂（Fundamental Apparatus and Reagtnts）介绍如下。

（一）基本设备

电热温箱：有各种容积。制片时常需要两个温箱，一个较大，温度设在 25℃ ~ 50℃左右，作为离析材料、萌发种子、酶促反应及较低温度的浸蜡作用。一个较小，温度设在 60℃ ~75℃，用以浸蜡或快速离析材料等。

冰箱：有些材料需要低温处理及保存时应用。

显微镜：需一台较旧的显微镜，以备制片时临时检片用。

切片机：根据需要选择不同类型的切片机。

切片刀：根据需要选用不同类型的切片刀。

电热温台：用于展平蜡带和烘干制片。

剃刀：常用单面剃须刀片代替。

染色缸：立式和横卧式均可，数量较多。

毛笔：常用中楷笔。用于从切片刀上取下蜡带及刷去切片刀上的蜡屑。

小木块：常选较硬的木材，修成 2cm × 2cm × 2.5cm 或稍长的长方块。用以固着石蜡材料。

除此之外常用的设备还有：载玻片、盖玻片、酒精灯、量筒、烧杯、镊子、解剖针等。

（二）常用试剂

95% 乙醇（工业用）、无水乙醇、甘油、二甲苯、香柏油、水合氯醛、加拿大树胶、苏木精、番红、洋红、苏丹Ⅲ、亮绿、固绿等。在不同的制片方法中，还有许多试剂和染料，在以后的叙述中会详细讲解，在此就不多叙述。

二、植物制片的基本要求

根据不同的材料及不同的观察目的，采用不同的植物制片方法。虽然植物制片的方法众多，但其共同的特点和基本要求（The Basic Requirement），不外乎要求尽量保持原来的结构，切片切成适当的厚度，以及应用各种染色方法，使内部清晰可见，并且能使制片保持长久、不变形、不褪色。为了达到这一要求，一般需要经过将材料杀死与固定、切成薄片或涂成薄片、脱水与透明、染色及封固等步骤。以石蜡切片法为例，制片的主要步骤应为：采样→冲洗→固定→洗净→脱水→透明→浸蜡、包埋→切片→粘片→烘片→溶蜡→经各级乙醇→染色→脱水→透明→封藏成永久切片。

三、制片技术

（一）临时制片法

临时制片法是将实验材料（如单个细胞、表皮、已切好的徒手切片或一些低等植物如水绵、衣藻等）放置在载玻片上，加1滴水（有些材料需要后加水），然后加盖盖玻片，制成标本片的方法。此方法可保持材料的生活状态和天然的色彩，但不能长时间保存。具体步骤如下。

（1）洗净、擦干载玻片及盖玻片。

（2）用玻璃吸管，加1滴水于载玻片中央。把准备好的材料放于水滴中。用解剖针将材料展开，尽量使材料不要重叠。

（3）加盖玻片：右手持镊子夹起盖玻片，使盖玻片的左边边缘接触水滴的边缘，然后轻轻地放下盖玻片，用镊子轻压盖玻片，这样，盖玻片下的空气被水挤掉，可避免产生太多的气泡。盖玻片外多余的水可用吸水纸吸干。此时，即可进行观察。

（4）如需染色，可在盖玻片的一边加1滴染色液，在盖玻片的另一端用吸水纸吸水，让染料迅速扩散，进到材料中染色，材料即可染色。

（5）如需保存一段时间，则可用10%～30%的甘油水溶液代替清水封片。封片后注意用30%或50%的甘油溶液补加蒸发的溶液。这样制成的片子可以保存一个月以上。

（二）整体封固法

适用于较小的植物体或部分组织器官。如丝状或叶状的藻类、菌类、蕨类的原叶体、孢子囊、花粉粒、幼胚等材料。由于所用的脱水剂、透明剂、封固剂不同而有多种方法。现介绍两种常用的方法。

1. 甘油法

用甘油脱水和透明，并封固于甘油中，这种制片可保持植物的天然色彩。同时也可对材料进行染色。

如做不染色的制片时，先取材料洗净置于小培养皿中，加足量的10%甘油溶液。用滤纸盖于液面上，以防尘土落入。把培养皿放在较暖的地方，使其慢慢蒸发至纯甘油。此时材料已脱水和透明。用镊子选取少许材料于载玻片上，加1滴纯甘油，盖上盖玻片（注意甘油不可太多）。用较稠的加拿大树胶封片即可。

如材料需要染色，可按以下步骤进行。

（1）把材料放入酪酸－醋酸固定液中，固定24小时。

（2）用清水冲洗材料。（材料放入培养皿中冲洗 5～6 次）

（3）用蒸馏水再冲洗 1 次。

（4）用 1% 曙红水溶液染色 12 小时。（或苏木精染色）

（5）用蒸馏水冲洗多余的染料

把材料放入培养皿中，加 1% 甘油，盖上滤纸蒸发至纯甘油。装片和封片同上。

水绵、水稻、小麦、棉花或其他作物的整体胚囊，就可应用此法，进行胚乳核分裂的观察。

2. 甘油冻胶法

方法与甘油法相同，所不同的是用甘油冻胶封固。如在甘油冻胶中加入一些甲基绿，材料可在封固过程中染色。如花粉粒的制片，把配好的甘油冻胶（加一些甲基绿）放在温箱中或用热水浴使之溶化，在载玻片中滴上 1 小滴甘油冻胶，取花粉撒在甘油冻胶上，封固即可。

（三）压片法

压片法是将植物的幼嫩器官，如根尖、茎尖和幼叶等压碎在载玻片上的一种非切片制片法。这种方法经染色后可制成临时片，也可经过脱水、透明等过程制成永久的玻片标本。此方法普遍适用于植物细胞遗传学等方面的研究，如染色体数目的检察方面。

以洋葱的幼根为例，其制片步骤如下。

1. 取材

取洋葱鳞茎新生长出的幼根。当嫩根长到 2～3cm 时，在上午 10 点～11 点之间，或夜间 12 点左右，将距根端的 3mm 左右处剪下。

2. 材料的固定和离析

将取下的材料立即投入等量的浓盐酸和 95% 乙醇配成的固定离析液中，经 10 分钟～20 分钟浸泡，取出放入清水中漂洗 10 分钟～20 分钟即可。

3. 压片

取离析好的根尖一个，放在干净的载玻片上，用镊子将根压裂，滴 2 滴醋酸洋红或地衣红染色，放置几分钟后盖上盖玻片，用铅笔对准盖玻片的材料轻轻敲击，使材料压成均匀的、单层细胞的薄层。用吸水纸吸取溢出的染液，即可于显微镜下镜检，如发现染色不够，可将片子在酒精灯上微微加热，如染液烘干，可补加。如染色较深，可加 1 滴 45% 醋酸进行分色。

染料也可改用医用的紫药水，按 1:5 将医用紫药水用水稀释，即配成染液。用此染液滴染 1 分钟后，再加 20% 的醋酸，盖上盖玻片，同上法压片，也可获得蓝色的染色体。

这种制片方法也可用于小麦、水稻、蚕豆等种子萌发出根的制作。但不同的植物其根尖细胞有丝分裂活动的高峰期不同，所以取材固定的时间也不一样。小麦是在上午 11 时至下午 1 时，水稻在下午 4 时左右，玉米在上午 8 时至 10 时，蚕豆在下午 3 时至 5 时。洋葱和大蒜除上述时间外，在午夜 12 点取材最好，分裂相最多。

这种临时的片子，经过一系列的处理后可制成永久的制片。

（四）离析法

离析法的原理是，用一些化学药品配成的离析液，使细胞的胞间层溶解，因而细胞彼此分离，获得分散的、单个的完整细胞，从而观察细胞的立体形态结构。经离析的材料，可以作临时片，也可以制成永久的制片。

离析液的种类很多，最常见的的是铬酸—硝酸离析液，它是以10%的铬酸和10%硝酸等量混合而成。适用于观察木质化的组织，如导管、管胞、纤维、石细胞等。

具体步骤如下。

（1）将植物材料切成如火柴棍粗细的长条，放入小玻璃管中，加入上述离析液，盖紧瓶塞，放在30℃~40℃温箱中，约1~2天。其浸渍的时间因材料的大小而不同，如果2天以后仍未分离，则可更换新的离析液继续浸渍。草本植物可不必加温。

（2）检查材料是否离析，可取出材料少许，放在载玻片上，加盖玻片，用解剖针末端轻轻敲打，若材料分离，表明离析时间已够。

（3）洗酸保存，倒去离析液，用清水浸洗已离析好的材料。最后保存于70%的乙醚溶液中，作随时观察。

离析好的材料可按各种整体封固法，制成永久切片。

（五）徒手切片法及简单的显微化学试验方法

徒手切片法是我们从事教学、科研及生产技术工作中常用的最简便的观察植物内部结构的方法。它的优点是简单，不需要机械设备，由于未经复杂的化学处理，能较好地保持活体的情况。徒手切片法有很大的实用价值。

具体操作步骤如下。

1. 剃刀的选择

剃刀应锋利，而且只在作显微切片时，才使用剃刀，在切片前，为了削平材料的表面，可用解剖刀或用过的刀片，而不可用剃刀。每次用后必须擦净，注意保护，以免生锈。

2. 材料的选择

材料不应太大，一般以表面不超过$3~5mm^2$为宜，如果材料过大，剃刀损伤严重。

3. 徒手切片的方法

首先应该正确的地拿住剃刀及材料。一般用左手的大拇指、食指和中指三个手指拿住材料，使材料突出在指尖上面，使剃刀不会割伤手指。用右手平稳地拿住剃刀，两只手应该保持自由活动状态，不要使它们靠紧身体，或压在桌上。切片时，把刀口放在材料平面的中间，轻轻地压住它以均匀的动作自左前方向右后方滑行切片，切时要用臂力而不用腕力，并且不必太用力，否则就不易切薄。切片时要敏捷地切下薄片，用湿毛笔将这些薄片轻轻移入已盛水的培养皿中。

用毛笔挑选最薄而透明的切片，从培养皿中取出，放在载玻片上，制成临时装片，亦可将其制成永久性装片。

对于过于柔嫩的材料，如叶片，切片时难以用手直接拿住，则需将材料夹入坚固易切的支持物中，便于执握操作。常用接骨木髓、胡萝卜、莴苣或土豆作支持物。

4. 简单的显微化学试验方法

显微化学试验方法，在研究植物的器官、组织和细胞内含物时，已被广泛的应用。显微化学试验可用徒手切片制成的薄片操作。这里主要介绍细胞壁化学成分和细胞后含物的鉴别方法。

（1）纤维素的鉴定，即氯化锌—碘液法（Schultze 法），首先须配制 A、B 两种试液。

A 液　碘化钾　　　　1g
　　　碘　　　　　　0.5g
　　　蒸馏水　　　　20ml
B 液　氯化锌　　　　20g
　　　蒸馏水　　　　8.5ml

配制时先将 B 液微微加热溶解后，冷却，再将 A 液一滴滴加入 B 液中，加以振荡，至显出碘的沉淀物为止。

将切好的材料置于载玻片上，在材料上滴 1 滴氯化锌—碘混合液，纤维素的细胞壁即显出蓝紫色反应。

（2）木质素鉴定，即间苯三酚（phloroglucin, phlorglucinol）反应法。间苯三酚的反应是植物显微化学中测定木质化最常用和最简便的方法。材料切成薄片，于载玻片上滴加盐酸浸透后，滴加 1 滴间苯三酚的乙醇溶液（用 95% 乙醇配成 5%～10% 溶液）。木质化的细胞壁可显出樱红色或紫红色，其颜色的深度决定于细胞壁木质化的程度。此法不适于制成永久切片，因随着时间的延长其着色会褪色。

（3）角质和栓质的鉴定，即苏丹Ⅲ染色法。在切好的切片上滴加 1 滴苏丹Ⅲ的 70% 乙醇饱和液（将苏丹Ⅲ溶于 70% 乙醇中，制成饱和溶液即可）。材料染色 20 分钟。用 50% 乙醇去浮色，临时观察时在切片上加 1 滴甘油，在显微镜下观察，角质化或栓质化的细胞壁呈红色。

另外还可用氯化锌 - 碘反应法（Schultze 法）鉴定角质或栓质。用氯化锌 - 碘染木栓和角质层，可显出黄色至浅褐色。但是这种反应并不是栓质和角质专有的，木质、半纤维素、黏质化的细胞壁也有同样的结果。如果材料在 40% 氢氧化锌 - 碘试液中处理，对木栓化的细胞壁能显出紫红色，而木质化的细胞壁仍为黄色。

（4）果胶的鉴定，即钌红（ruthenium red）染色法。钌红水溶液配制方法如下：将钌红结晶溶于蒸馏水中配成 0.02%～0.05% 的水溶液（避光贮存）。材料置载玻片上，滴 1～3 滴钌红水溶液，染色 30 分钟。水洗去浮色，蒸馏水过一遍。再脱水透明，（即各级乙醇脱水，二甲苯透明。50%→85%→95%→100% 乙醇 +1/2 无水乙醇 ×1/2 二甲苯→二甲苯）。加拿大树胶封片。胞间层（果胶层）染成红色。

（5）碳水化合物的鉴定。

淀粉：淀粉是植物主要的储藏物质，它们通常以淀粉粒的形式存在于植物细胞中。由于淀粉粒具有特殊的构造，故不必用专门化学方法来检查。如需检查，常用的方法是淀粉与碘作用形成碘化淀粉，呈蓝色反应。试剂用碘化钾—碘，其配方为：将 2g 碘化钾投入 5ml 蒸馏水中，加热溶解，然后溶入 1g 碘片，再用水稀释至 300ml。配好后放棕色毛玻璃塞的玻璃瓶中，保存于暗处。

菊糖：菊糖多存在于菊科、桔梗科和龙胆科部分植物根的细胞中。在生活细胞中以液体状态存在，因而不易观察。菊糖在乙醇中形成结晶，因此，材料在观察前须在乙醇（95%）溶液中浸泡（3 天～7 天），菊糖会形成扇形的结晶。将切成薄片的材料滴加 1 滴 15% 的麝香草酚乙醇溶液及 1 滴浓硫酸，菊糖会呈现红色，并于不久后溶解在溶液中。

（6）蛋白质的鉴定　蛋白质是细胞中构成原生质体的主要成分，而植物细胞后含物中的蛋白质，则是指那些非生命的惰性蛋白质，贮存于细胞内。后含物蛋白质可成为无定形的，也可成糊粉粒。鉴别蛋白质的方法很多，这里介绍碘－碘化钾（碘化钾3g＋碘1g＋蒸馏水100ml）法。将切好的材料置于载玻片上，滴加碘－碘化钾试液，蛋白质被染成黄色。

（7）油、脂肪、挥发油的鉴定　染脂肪性物质最常用的是苏丹Ⅲ溶液，它的配方为：配方一，取0.1g的苏丹Ⅲ，加10ml 95%乙醇和10ml甘油制成。配方二，取0.01g的苏丹Ⅲ，加5ml 95%乙醇和5ml甘油制成。鉴定时，材料放在上述的一种配方溶液中24小时，用50%乙醇洗涤，加甘油观察，微微加热可以加速染色，油脂可以染成淡黄或红色，栓质和角质可以用同样的方法染色。

（8）单宁的鉴定　单宁物质大多呈胶体状态，存在于植物细胞的细胞液中，或形成单独的液泡。鉴定时，切片放在10%氯化铁的水溶液中，单宁物质则染成蓝绿色。

（9）草酸钙和碳酸钙结晶的鉴定　细胞中的结晶体大多为草酸钙结晶，但也有些植物具有碳酸钙结晶。鉴定二种结晶时，可以用乙酸和浓盐酸或硫酸。草酸钙结晶不溶于醋酸，但溶于浓盐酸或硫酸中。碳酸钙结晶既溶于乙酸也溶于浓盐酸或硫酸中。

（六）滑行（走）切片法

滑行切片法是用滑行切片机进行切片，它能按需要调节切片的厚度，切出的薄片厚薄均匀，比较完整。此法适用于切制木材、木质根、木质茎、坚硬的草质茎和地下茎等。具体步骤如下：

1. 选取材料

选取新鲜的具代表性的材料，材料切成3cm长的小段。

2. 材料处理

首先把材料进行固定和排气。一般用FAA固定液固定两天。因材料内常含空气，故在软化处理前，需将空气排除。可用水煮法，即将材料放在沸水中煮沸20～30分钟，取出后立即投入冷水中30～40分钟，反复多次即可。

材料比较坚硬时，切片时不但费力易碎，而且会损坏片刀，为了解决这一困难，必须将材料软化。可用水煮的办法，水煮时间因材料而宜，木材一般需煮3h～5h。也可用甘油—乙醇法，即将排除空气的材料浸入纯甘油和70%乙醇各半的软化剂中，软化时间因材料不同，至少一周或更长。

3. 切片方法

首先把材料固定于滑行切片机上，调节好切片厚度，安装好切片刀。将夹刀部慢慢移向材料，使刀口接近组织材料，调节升降器，使材料的切面在刀口以下稍稍接触为度。使用滑走切片时两手应分工同时操作，右手用均匀的力量拉动夹刀部，使切片刀沿滑行轨道由前端向后移动，经过材料时就切下一片。使用人工操作的滑行切片机厚薄调节器时，此时用左手搬动调节器一次，使材料升高至所需的厚度，紧接着再拉动刀架，再切一片。每切一片，都需左手用毛笔粘些水湿润刀口和材料，以免材料干涩或切片皱缩。将被切下的切片用毛笔轻轻刷下，放在70%乙醇或其他固定液中，待染色后封固观察。

切片完毕后，必须注意清理切片刀和切片机，切片刀取下后用纱布擦试干净，涂上凡士林油放入盒中保存，滑槽内的切下的碎屑也得清除。切片机各部擦拭干净，并滴加少许机油以润滑机件。最后罩上防护罩。

（七）木材切片法

首先要对材料进行软化处理。凡材料质地坚硬的，在切片前都必须经软化处理，如杉木以甘油乙醇溶液煮沸处理，南瓜茎、禾本科茎叶用氢氟酸处理。

切片的方法同前项的切片方法。切片后如做临时装片可按以下步骤操作，用毛笔选取已切好的切片于载玻片上，吸去多余的水分，滴加一滴浓盐酸浸透材料，再在含酸的材料上加一滴5%～10%的间苯三酚乙醇溶液，此时木质化的细胞壁立即呈樱红色或紫红色。若要镜检，必须盖上盖玻片，一般用肉眼和低倍镜下观察无需加盖玻片。

如制成永久片可按如下步骤操作，将已切材料移至表面皿中用蒸馏水清洗，滴入苯胺番红于材料上染5～10分钟→95%乙醇去浮色→滴入苯胺固绿0.5秒～1秒，经95%乙醇→无水乙醇→1/2无水乙醇+1/2二甲苯→二甲苯（两次）各经5秒→将切片移至载玻片上→加拿大树胶封藏。

（八）石蜡切片法

一般可以经得住石蜡法中各种试剂处理的材料都可以用石蜡法制片。石蜡法的优点是可以切成极薄而连续的切片。它是显微技术上最常用的一种方法。

石蜡法的步骤比较复杂，依次如下。

1. 材料的选择与分割

应选取新鲜、无病虫害并具代表性的材料。采下的材料，不要碰伤或变干，应立即固定。材料大小要适当，若以滑走切片机切片，长度约在2cm～3.5cm。

2. 材料的杀生和固定

将制片的材料迅速杀死细胞，使组织块尽量保持原生活状态，这个过程叫杀生。杀生时常用一种或多种化学药品处理。在杀生处理的过程中，将器官、组织、细胞按原来形态保存下来，就起到固定的作用。杀生与固定关系密切，通常二者兼有作用。常用F.A.A.作为固定液。即将材料放入F.A.A.固定液中30分钟到24小时，固定好的材料如不及时制片，可移入70%的乙醇中长期保存。

3. 脱水

固定好的材料经各级浓度的乙醇脱水至纯乙醇，各级乙醇用95%的乙醇配制。梯度乙醇溶液一般为50%，70%，85%，95%，100%。每级停留时间为1～3小时（视材料性质、大小而定），材料在无水乙醇中要换2次，每次1小时，以保证材料中的水分彻底除去，注意材料在无水乙醇中的时间不宜太长，因无水乙醇易使材料变脆，不利于切片，如白天不能完成脱水步骤，可以将材料放置于70%或95%的乙醇中过夜。

4. 透明

用1:1的纯乙醇+纯二甲苯混合液处理2～3小时，转入纯二甲苯液处理2次，每次2小时。

经固定、脱水和透明后的材料近于无色，为了在后续步骤中易于辨认，通常在脱水的过程中，选择一种染色剂对材料进行初步染色，如70%或95%乙醇中加入少许番红或固绿，使材料着色。

5. 浸蜡

将上述已透明的材料和二甲苯一起倒入小杯中，轻轻地逐步倒入已溶解的石蜡，放置在 35℃ ~ 37℃ 的溶蜡箱中逐渐升温，使石蜡饱和为止，约需 1 天 ~ 2 天。

6. 包埋

包埋之前，先准备一个镊子、一盆冷水、一个酒精灯及火柴，放在温箱旁。准备好包埋用的纸盒，纸盒的折叠方法如图 2 - 1 所示。包埋时将熔化的石蜡一并倒入包埋纸盒中，把镊子或解剖针在酒精灯上加热，迅速把材料按需要的切面及材料之间的间隔放入熔化的纸盒中，排列整齐。将纸盒水平放入冷水中，使其很快凝固。总之，包埋的手续要尽量迅速，如果石蜡凝固太慢会发生结晶，已结晶的石蜡是不能切片的。

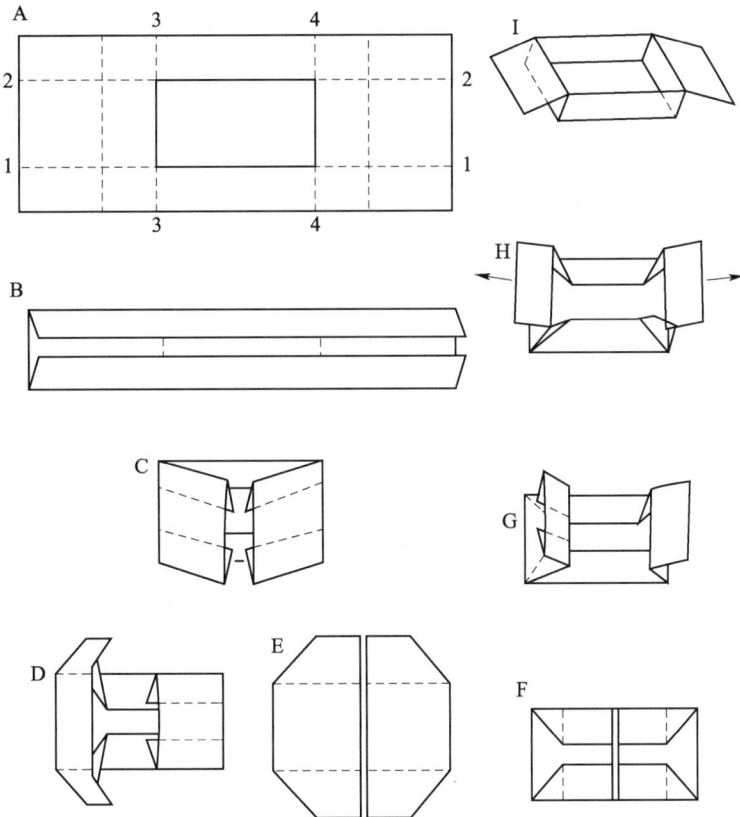

图 2 - 1　包埋纸盒的折叠方法

7. 修块与粘接

取已包埋好的蜡块，按需要的切面把大蜡块裁成适当的小块，用单面刀片切去材料四周多余的石蜡，使呈大小适当的方块，所留部分的蜡面各边要注意平行，否则切出的蜡带不会平直。然后用烧热的蜡铲把蜡块底部固着在木块上，放入凉水中冷却。

8. 切片

用旋转切片机将蜡块切成连续的蜡带。切片时有时不能切成连续的蜡带，或蜡片卷曲，或蜡带不直，或出现其他等等现象。这可能由于下列的各种原因，故要提前注意，并及时纠正。

（1）切片刀不锋利是不能切成连续蜡带的主要原因。

（2）切片刀的放置角度不正确。可调整切片刀固着器、改变刀口与蜡块的角度，一般以 15℃ ~30℃ 左右较合适。

（3）蜡带上有材料处出现空洞，是由于石蜡未完全浸入材料，应退回重新浸蜡。

（4）石蜡太软（熔点较低）或切片时温度过高，往往会使蜡带皱缩。这种现象在夏天常出现，所以夏天切片宜用熔点较高的石蜡。

另外，一般切特薄（2~3μm）的切片时，需用硬蜡和低温，否则也易皱缩。切制较厚（12μm 以上）的切片时，石蜡太硬，则容易碎裂。

9. 粘片与展平

取干净的载玻片，用玻璃棒取一滴明胶粘贴剂（配方见附录），用清洁的小手指涂成均匀的一薄层，再在其上滴加数滴蒸馏水。取镜检合格的蜡片，以光亮的一面朝下，平放于水面上，并连同材料一起，将载玻片置于 32℃ ~40℃ 的烫板上，使蜡片展平，（或置温水中展平）摆好位置，去掉多余水分，放烘箱中 4 小时以上，使之干燥，即可。

10. 染色制片

在制片过程中，为使组织和细胞各部分显示清晰，应采用不同染料对材料进行染色。以植物形态解剖学中最常用的番红与固绿对染的方法，说明染色制片全过程。

（1）去蜡：将粘有蜡片的载玻片放入去蜡的纯二甲苯中，使石蜡完全溶解，约 10 分钟。

（2）在二甲苯:纯乙醇为 1:1 的混合液中过渡约 5 分钟。

（3）进入梯度乙醇，依次为 100%、95%、85%、70%、50% 及 30% 乙醇下降至蒸馏水中。

（4）番红染色：置番红染液中染色 2~24 小时。

（5）用自来水洗去多余的染液，必要时可用酸酒分色。

（6）脱水：用 30%、50% 和 70% 的乙醇各处理约 30 秒钟。

（7）固绿染色：置固绿染液中复染 10~40 秒。

（8）继续脱水：用 95% 乙醇和两次纯乙醇彻底脱水，每次 30 秒至 1 分钟。

（9）透明：用纯乙醇和二甲苯各半的混合液，处理 5 分钟。再用纯二甲苯浸 5 分钟，使材料完全透明。

（10）封固：将标本自二甲苯中取出，立即取 1 滴用二甲苯溶解的加拿大树胶或中性合成树胶，滴于材料之上，加盖玻片。注意胶液不可过多，亦不能有气泡产生。置玻片标本于 30℃ ~35℃ 恒温箱中烘干。

最后在制作好的玻片的左面贴上标签，注名材料名、日期及制作者。

第二节　生物绘图技术
Ⅱ. Demand and Method of Drawing

植物学研究成果的表达形式除了有文字、照片、实物等，绘图常常也是比较直接、明确的方法。绘图是重要的实验报告之一，比文字记录更生动具体，可以帮助我们理解植物的结构和特征。植物绘图是必须要掌握的基本技能。

植物学绘图有它自己的特点，它着重从研究问题的事实出发，强调科学性，在此基础上适当的注意艺术性的表现手法，是科学与艺术的产物。而艺术性绘图是从创作观点出发，加以艺术加工，着重艺术性、现实性、思想性，讲究笔调思路。

植物学绘图的具体要求如下。

一、徒手绘图

徒手绘图（Method of Free-Hand Drawing）注意如下几点。

1. 首先要注意科学性和准确性。必须认真观察要画的对象，对目的物进行全面的观察，弄清各个部位的特征及比例，在目的物中找出一个适当部分用为"标准"。

2. 画图之前，应根据实验指导要求绘图的数量和内容，在图纸上首先安排好各个图的位置比例，并留出书写图题与注字的地方。

3. 先绘草图，用 HB 铅笔轻轻地在图纸上勾画出图形的轮廓，以便修改。

4. 草图经修饰后再绘出物像。正式绘制时要用 2H 或 3H 的绘图硬铅笔，按顺手的方向运笔。把上述轮廓描绘下来，再对细小的部份逐步添加。线条要一笔勾出，粗细均匀，光滑清晰，接头无叉和痕迹（切忌重复描绘）。

5. 植物图一般用圆点衬阴，表示明暗和颜色的深浅，给予立体感。点要圆而整齐，大小均匀，根据需要灵活掌握疏密变化，不能用涂抹阴影的方法代替圆点。

6. 图纸要保持整洁，图注一律用正楷书写，并要求用平行线引出，最好在图的右侧，必须整齐一致。

7. 绘图及注字一律用铅笔，不要用钢笔、有色水笔和圆珠笔。

8. 实验题目写在绘图报告纸的上方，图题和所用的植物材料的名称和部位写在图下方。并注明放大倍数。

二、显微描绘器绘图

显微描绘器（Camera Lucida）是描绘显微镜下所见的物体扩大的物像时所用的一种仪器，其种类甚多，现将常用的描绘棱镜、描绘目镜的构造及使用方法介绍如下。

（一）显微描绘器的构造及原理

见图 2-2，图中 A、B 为粘合的两个三棱镜，在 A 棱镜的粘合面 PP′ 上，除中央部小圆面积 M 处外，均涂以水银，C 为旁侧的反射棱镜，与垂直方向倾斜约 25°，其底面 FF′ 上亦涂布水银，D 为接目镜，E 为接物镜，在观察时，载玻片上物体的物像经由接物镜 E、接目镜 D，并通过两个三棱镜粘合面 PP′ 的中央小圆面积 M 而达于眼。同时画面板 G 上的铅笔 H，其物像经由 C 的底面 FF′ 反射至 PP′ 平面，再经反射亦达于眼。因此眼睛同时看到显微镜下的物体与画图板上的铅笔，这样就可以用铅笔描绘物像于画图版的纸上。

（二）显微描绘器的使用方法

将显微镜正放于画图板左面。在载物台上放置标本片，调节光线及调节器，使视野中呈现清楚的物像。取下目镜，在镜筒上端套上描绘棱镜的附着器，然后将目镜放入，再套入描绘棱镜；或取下目镜，直接换上描绘目镜。将白纸固定在画图板上，调节画图板的倾斜度，使与描绘器的角度一致。调节显微镜上的聚光镜，虹彩光圈及描绘器上的滤光玻片等，使视野的亮度和绘图纸面的亮度相近，这时，标示片中的物像和铅笔尖映像便能同时被看清楚，即可用铅笔依样描。

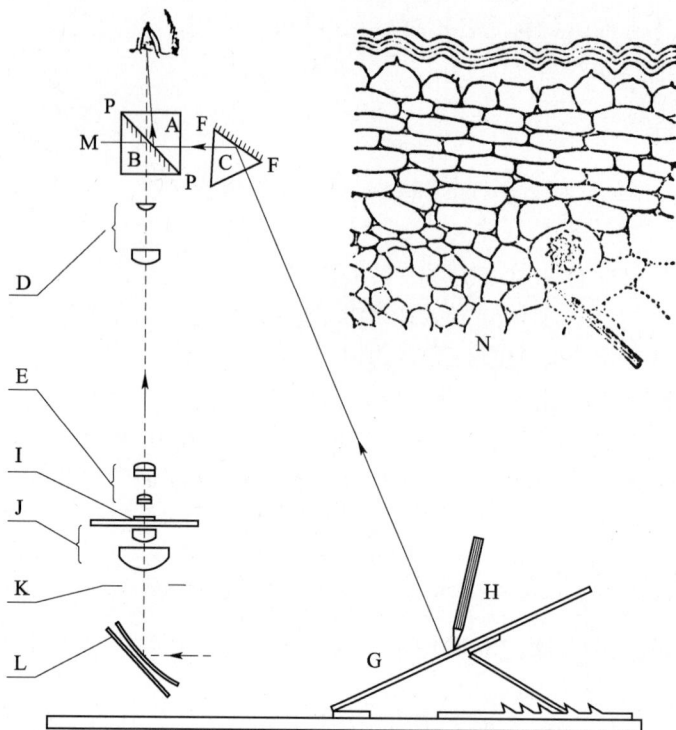

图 2-2　显微描绘示意图

A. 直角棱镜；B. 直角棱镜；C. 反射棱镜；PP. 涂有水银的黏合面；M. 未涂有水银的部分圆黏合面；FF. 涂有水银的棱镜面；D. 目镜；E. 物镜；H. 绘图铅笔；G. 绘图板及绘图纸；I. 标本；J. 聚光镜；K. 可变光栏；L. 反射镜；N. 描绘出的糙叶藤五加茎横切面部分详图

　　描绘时先用 HB 铅笔轻轻依物像描出目的物的轮廓，再描其他细微特征。如果画的目的物大于一个视野，则画完一个视野后，需平移标本片和绘图纸，使描绘好的图与目的物像仍有少部份在视野中，并重合，再如法描绘，至目的物描完。除去描绘器，一边仔细观察所描绘的目的物，一边修改草图。草图修改好之后，再用不同硬度的铅笔勾划，使线条平整圆滑、精确、粗细深浅一致。底图画好后，用半透明的硫酸纸绘墨线图，注意，线条同样要均匀。

　　为了计算描绘图像的放大倍数，可以用目镜量尺量得某一物体的长度或大小，除以画在纸上的物像在同一方向量得的长度或大小，即物体所放大的倍数。

　　如需调到预定的倍数，则将载台量尺放在载物台上，调节描绘器与图纸之间的距离，使画在绘图纸的长度与实际长度的比值等于所需放大倍数。

第三节　植物标本的采集与制作
Ⅲ. Method of Collecting and Making up Plant Species

　　学习和研究植物学，我们一定要掌握植物的形态特征、生态环境、生长季节等诸多知识，野外考察可以帮助我们了解植物、认识植物，但由于植物有季节的差异，有存在空间的不同，加上我们精力的不及，我们不能保证对所要研究的植物做到实时野外观察、记录。因此，把植物做成符合要求的标本，保持植物的主要特征，以便研究和鉴定之用，还可以作为永久保存之用，就显得尤为重要。采集和制作合格的植物标本，是药用植物学要求掌握的重要实验技能之一。根据植物材料的不同和制作用途的要求，植物标本有多种类型，这里主要介绍常见的两种植物标本的制作方法，即浸泡标本和腊叶标本。

一、采集标本的工具

枝剪、较大的铁锹、小铲子、标本夹、采集箱、草纸、粗绳、塑料布、高度表、指南针、野外记录本、标本编号的号牌、小纸袋（备装标本的花、果和叶，以便细致观察用）、放大镜、铅笔、胶水、GPS、对讲机等。

二、采集标本时应遵守的原则

（一）确定采集时间

植物在不同的地区，其物候期是不尽相同的。不同的植物也有自己的生长季节，如发芽期、花果期不同等。因此，应根据自己的采集目的、采集对象确定正确的采集时间。采集时间需准确记录。

（二）植物的产地及生长环境

标本的采集地点及生长环境是非常重要的。因此有必要详尽地注明该植物产于某省、某市或某县，尤其是小区域应详细说明。特别注意对植物的生长环境的记录，如高山、平地、河泽、溪谷、丘陵、荫蔽处、向阳处、背阳处，以及海拔高度等。

（三）采集合格的标本

1. 采集完整的植物标本

采集的每一份标本都应完整，最好没有缺损。对种子植物而言，在分类学上鉴定的主要依据是植物繁殖器官的形态特征，重点是花、果实的特征，因此采标本要尽量有花和果，或至少有其中之一。有些植物花果不能同期，不能同时采集，应在不同时期分别采集，如某植物如只有花，则以后可以补采同种植物的果实标本。

2. 每种植物应采集多份

条件允许的情况下，尽量多采集植物标本，以便压制出合格标本，每种植物要求成型标本为3~4份。如该植物为保护植物或稀缺种类，应根据情况采集或加以保护。

3. 注意标本大小

装置标本的硬纸，叫台纸，而台纸的尺度一般为42cm×29cm。因而标本的大小，要以台纸的尺度为标准，较大植物（草本）的标本可折成"V"字形或"N"字形，若植物体过小也可多采几份压制。

4. 雌雄异株植物

应分别采集雄株和雌株，分别编号，并注明它们之间的关系。雌雄同株的植物，雌、雄花枝都要采集。

5. 寄生植物

采集寄生植物时要连同寄主一起采集。

6. 地下有地下茎、块根、鳞茎等的植物

应特别注意挖取完整的地下部分。

7. 苔藓植物、蕨类植物

苔藓植物、蕨类植物应采集有孢子囊的植株，便于鉴别。

8. 水生草本植物

可用硬纸板或折叠纸将植物托出水面，连同硬纸板或折叠纸一起压制。

9. 草本植物

草本植物应采集其带有根的植株全草。高大的草本植物，可以将植株折成"N"、"V"或"W"型，或选择有代表性的上、中、下三段，分别压制，但要编同一的采集号。

10. 木本植物

采集其生长正常，无病虫害，有花和果的枝条。如新生叶与老生叶形态特征有别，则幼叶和老叶都应采。有些植物的树皮有鉴定特征，还需剥取一块树皮附于标本上。

11. 藤本植物

采集能表达藤本植物特征的植株，如卷须、攀援根等。

12. 药用植物

应采集带有药用部位的植株，或采集药用部位如鳞茎、球茎等附于标本上。

对于高大的草本植物、大型的藤本植物和木本植物，采集前最好拍摄植物的全株照片，以补充标本的不足。

（四）植物采集记录

采集记录对于植物的鉴定是非常重要的，同时也可以补充植物标本中反应不出来的特征，如花、果的颜色；树高、胸径、气味、民间用途等。因此，应认真对待并努力做好。

采集的植物标本必须有编号和详细野外记录，并在标本上有相符的标本号牌。

1. 编号

在同一地区同一时间采的同一种标本，如采集5枝，应编为同一号，每个标本都要挂一号牌。如同种植物在不同地区采集，则编不同号。同一采集者（人或队）号数采用连贯法，号数连续下去。凡雌、雄异株植物分开编号，写明系同一种的雌株和雄株。

号牌上写明采集时间、地点以及采集人姓名，有时也记录一些其他重要文字。号牌的内容如下：

```
采集号码_____
地点_____
采集者_____
日期      年    月    日
```

2. 野外记录

野外采集都应有野外记录本，野外记录本有一定的格式，如下：

植物野外采集记录表

中文名：_____

拉丁名：_____

科名：_____

地点: _____

环境: _____

海拔高: _____

习性: _____

植物高: _____ 胸高直径: _____

根: _____

叶序: _____

花: _____

果实: _____

备考: _____

采集者: _____ 采集号: _____

日期　　　　年　　月　　日

作为原始资料,表内各项填写应认真、仔细。其中生境项,写森林、路边、草坡、河边等;习性,为乔木、灌木或草本等;植物高可以估计写;叶要记明上、下面颜色和有无粉质及毛茸多少等;花记明花色;果实记明颜色和形状;备考,记述植物土名,当地利用情况或此种植物的特殊情况如树皮颜色、数量等。

三、腊叶标本的制作

腊叶标本(Herbarium Sheet)是指把充分干燥的植物固定在硬纸上作永久标本,所用的硬纸叫台纸。要制作一个好的腊叶标本,除了要采集合格的植物外,还要经过仔细的压制、消毒、上台纸等过程。

(一) 压制标本

采得新鲜标本后,最好用吸水纸立即整理压制,若因时间过于急促而不能立即压制时,亦可待至次日,但要把标本摊放开来。压制时应对照野外记录。压制的标本每天换纸至少一次,在换纸时用镊子将标本上不平整的叶整理平,叶既有正面的,也应翻1~2片使其背面朝上,叶有正、背面可以随时观察其毛被等特征。一般标本带回后,应转入厚夹中用绳子捆压,增加压力。天气好时放日光下晒,经5~7日可以干燥,如遇阴雨天,可用火烤、烘干机烘干或勤换纸。天南星科和兰科植物以及多数肉质植物营养器官不易压干,且易落叶,可将此类标本浸入沸水中1分钟左右,以杀死其外部细胞,使之易于失去水分而促使干燥。

在采标本压入草纸中时,注意解剖一朵花,展示内部形态,便于以后研究。开花的植物标本,注意随时记下花期、花的颜色,有果实的标本,记下果期和果的颜色,因为压制标本后,往往颜色褪去影响鉴定。

(二) 标本消毒

标本干燥后应消毒,可以用升汞(氯化汞 $HgCl_2$)乙醇液消毒,升汞乙醇液的配方是:升汞 1g,70% 乙醇 1000ml 配成。用毛笔蘸升汞溶液刷于标本上使湿透,放于草纸上凉干。晾干后的标本方可上台纸作成永久标本,并于标本右上角盖印"$HgCl_2$消毒"字样。也可用熏蒸法,即将标本置于密闭的容器中注入适量的溴甲烷或氯化钴,熏蒸24小时即可。

消毒药剂毒性大，应注意安全。

（三）上台纸

经消毒后的标本即可上台纸了。标本上台纸时，注意布局美观大方，尤其应注意不使花或果离台纸边缘太近，因为太近在拿取标本时易碰折坏。在台纸的右上方和左下方留出位置，以便帖野外记录签和定名标签。定名标签格式如下：

××××××植物标本室

采集号数_____ 　 登记号数_____

科名_____

拉丁名_____

中文名_____

采集者_____ 　 　 产地_____

鉴定者_____ 　 　 日期_____

把植物腊叶标本固定于台纸上有多种方法，如胶着法、纸条固定法、线钉法等，或混合使用。常用方法是：先把植物标本的背面用毛笔涂上一层胶，将标本贴于台纸上，再用纸条和线固定标本较粗的茎、根、果实和种子。固定好的标本晾干即可。凡在压制中脱落下来的部分，应装入透明袋贴于台纸的一角，或按自然生长情况装订于相应的位置上。

标本做好后，定名标签贴在台纸的右下角，野外记录可以整体保存，也可以取下来贴在有关标本的左上角。

四、浸制标本的制作

在植物教学与研究中，需要把某些标本制作成浸制标本（Soaking Sample），以便保持标本的色泽和形状，或者有些标本不适合做成腊叶标本，如大的块根、果实、鳞茎等。浸制标本一般包括植物防腐浸制标本和植物原色浸制标本。

（一）植物防腐浸制标本

将标本洗净后，放入盛有70%乙醇的容器中，或放入有福尔马林的容器中。如标本上浮，可用线将标本固定于玻璃片或玻璃棒上。

此法制作的标本，能够防腐，易于保存，但不能保存原色。

（二）植物原色浸制标本

1. 绿色标本浸制

方法较多，几种常用的方法介绍如下。

（1）将10~20g醋酸铜溶于10ml的50%醋酸中，加水稀释3~4倍，加热至70℃~80℃，放入标本并翻动，10~30分钟，至标本的绿色消失后又重新恢复。取出标本，洗净药液，放入到5%~6%甲醛溶液中即可。

（2）用75ml的硫酸铜饱和水溶液，加50ml甲醛，再加250ml水配成药液，把标本放入药液10~20天，待标本绿色消退又恢复绿色后，取出标本，洗净药液，保存于5%~6%甲醛溶液中。

（3）对于较大未成熟的果实，可放入到硫酸铜饱和溶液中2~5天，等到绿色稳定后取出，洗净。把标本放入 0.5% 亚硫酸溶液中 1~3 天，取出，再放入到 1% 亚硫酸溶液中，加适量的甘油即可长期保存。

2. 红色标本浸制

将红色标本放入 1% 福尔马林和 0.08% 硼酸混合液中 1~2 天，待标本由红色转向褐色时，取出标本，洗净药液，再将标本放入 1%~2% 亚硫酸溶液和 0.2% 硼酸混合液中即可。

3. 黄色标本浸制

标本用 1%~5% 硫酸铜固定 1~5 天，标本取出，洗净，再用 2% 亚硫酸与 1%~2% 乙醇，加适量的甘油进行保存。

4. 白色标本浸制

用 3%~5% 的亚硫酸漂泊 7~10 天，取出洗净，放入 1% 亚硫酸中保存。

5. 紫色标本浸制

赫氏溶液法：把氯化锌 200g 溶解于 4000ml 蒸馏水中，过滤，滤液加入 100ml 福尔马林和 100ml 甘油即配成赫氏液，待溶液冷却后，将标本放入。

第四节 药用植物学野外实习
Ⅳ. Field Investigation of Pharmaceutical Botany

药用植物学是一门实践性、直观性较强的学科。要学好、学活植物形态学、植物分类学，尤其是被子植物分类学，必须多去野外观察比较各种植物及其器官的形态特征，找出各类植物之间的异同点。对一些重要的科和重要的药用植物特征熟记、理解，并认识一定数量药用植物。因此，野外实习是药用植物学必不可少的重要教学环节。

通过野外实习可以有效地帮助学生对书本知识的理解、记忆和掌握。可以让学生在大自然中感受丰富多彩的植物世界，陶冶情操，极大提高学生的学习兴趣，学习在实践中发现问题、解决问题。对学生的综合实验技能、观察能力、动手能力都有较大的提升。

一、野外实习的目的

野外实习（Field Investigation）是药用植物学实验的另一种形式，通过野外实习应达到的目的要求如下。

1. 把书本知识与实际联系起来，在实践中找出学习中的不足，加深、丰富课堂中的理论知识。从而扎实、全面地掌握药用植物学知识。

2. 使学生学会野外调查的初步知识，学习野外工作方法。如如何识别植物，如何采集符合要求的植物标本等。

3. 使学生对物种的信息有较具体的了解，如植物的形态特征、地理分布、生态环境、物候期等。

4. 认知一定数量的药用植物。

5. 通过野外实习，磨练学生的意志品质，培养吃苦耐劳的优良品质。

二、实习时间和实习基地的选择

实习的时间应根据教学内容和进度以及实习地植物的生长期来确定。实习地应选择植物种类丰富，相对安全的地区，实习地不易经常更换。

实习前，要对实习地的自然环境、地貌、气候等条件做充分的准备。对当地的生活习惯、风土人情做尽可能的了解，当然更应该掌握实习地的植物资源状况。总之，要了解实习地的气候情况、地理地貌及生活条件，为顺利完成实习做好充分的准备。

三、实习的组织

1. 要组织好带队教师和学生，确保参加师生有良好的身体条件。带队教师由院部和教研室指定教师负责，学生由年级辅导员跟队负责，学生分成实习小组。

2. 采集工具应检查备齐，并备足必要的防护用具和药品。

3. 教师、学生都应准备好实习用工具书。

四、实习对学生的要求

植物分类学主要是依据植物的外部形态特征来鉴别植物。对被子植物来说，野外实习主要是通过根、茎、叶、花、果实和种子的形态特征，来对植物进行分门别类，因此，植物形态学知识在野外尤为重要。实习前，学生应复习、巩固植物形态学内容，做到基本掌握，同时掌握一些重要科及重要的药用植物的特征。学会使用植物分类检索表。只有这样，才能取得好的实习效果。

五、怎样认识和鉴定植物

对于一个未知的植物，仔细观察是认识植物的第一步，在观察中了解和理清它的特征，对某些特征仔细解剖，尤其是对花、果实和种子的解剖。观察它的生活环境，这有助于帮助鉴定植物。先确定它属于哪个大类，逐次确定小的分类等级。

有些植物根据形态特征就能较容易地判断出属于哪个科，这时就可以直接找到该科查分属检索表，属查出后再查种，种查出后，再根据种的描述一一核对特征，如基本符合就可以定出种名了。但如一植物不知道是哪一科的，则要求全面、准确地掌握它的特征，利用分科的检索表，先查出科名，再按上述步骤确定是何种植物。

如果是在野外，查找参考书较为困难，则可以作好编号，写好野外记录带回住处查寻。

在鉴定某一种植物时，有时会感到鉴定困难，这时可以去一些植物标本馆，查找标本，对照植物进行鉴定。在认识和鉴定植物（Recognition and Identification of Plant）时，还常常会用到一些参考书，在这些参考书中，最常用的有《中国植物志》《中国高等植物图鉴》《中国高等植物科属检索表》及一些地方植物志，如《江苏植物志》《浙江植物志》等。这些书对认识和鉴定植物都极为有用。

识别植物是一个由量变至质变的过程，只有通过不断地观察、接触、总结，才能最终认识植物，了解植物，学好、学活植物分类学。

六、野外实习应遵守的纪律和注意事项

1. 带队教师及辅导员必须负起责任，做到目的明确，行动一致，确保学生安全。

2. 学生必须遵守纪律、服从安排，不可擅自离队或单独行动。

3. 人身安全是实习中最重要的问题。野外活动中要防蛇、防野兽伤害，在险要地段小心谨慎。

植物界形形色色、丰富多彩、瑰丽迷人，并非一目了然。实习中应仔细观察、勤于思考，避免出现整天忙忙碌碌却一无所获的现象。实习遇到的问题复杂多样，只有细心观察、动手操作、查阅工具书和向老师、同学请教，与之共同探讨，才能获得丰富的实践知识，不荒废这短暂而又十分宝贵的学习机会。

第二篇　实验内容
Port Ⅱ　Experiment Contents

第三章　植物细胞
Chapter Ⅲ　Plant Cell

实验一　植物细胞的基本形态结构

【实验目的】

1. 了解光学显微镜的结构和保养方法，掌握显微镜的使用。
2. 掌握植物细胞在光学显微镜下的基本构造。
3. 了解植物细胞的多样性。
4. 掌握临时装片法和绘图的基本知识。

【实验材料】

新鲜材料：洋葱鳞茎、大葱、番茄果肉、西瓜果肉、鸭跖草叶、藓、红辣椒、柿或枣的种子。石蜡切片：虎皮万年青、茶叶、松木的组织切片。

【实验器材、药品】

显微镜、载玻片、盖玻片、解剖针、镊子、吸水纸、酒精灯、蒸馏水、稀碘液、碱性紫、100%乙醇、95%乙醇、85%乙醇、70%乙醇、50%乙醇、35%乙醇、20%乙醇。

【实验内容】

一、植物细胞的基本构造

（一）表皮细胞的结构

取洋葱鳞叶或大葱磷叶（或用虎皮万年青叶的石蜡切片），用刀片在其内表皮上轻轻地划一 0.5cm^2 的方形，用镊子将内表皮快速撕下，置于载玻片已备好的水滴上，盖上盖玻片，用吸水纸吸取多余的水，制成临时装片置于低倍镜下观察，可见一些排列整齐，彼此紧密相连，近长方形的细胞群（图 3 - 1，图 3 - 2）。

选择其中一个细胞，转换高倍镜仔细观察其内部结构。

为了进一步看清细胞的各个部分，可用稀碘液染色（于盖玻片一边滴入染液，同时于盖玻片的另一边用吸水纸吸），细胞经过碘液作用产生不同反应，在高倍镜下可以看到其结构。

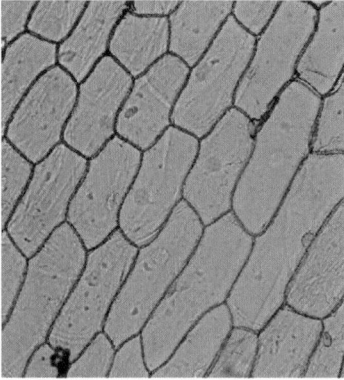

图 3-1 洋葱鳞叶内表皮细胞

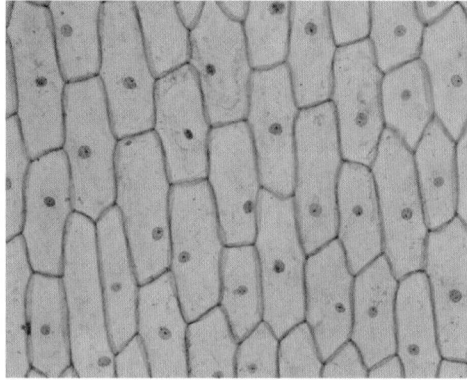

图 3-2 虎皮万年青叶表皮细胞

1. **细胞壁**

为植物细胞所特有，位于细胞的最外层，光学显微镜下常看到一层。

2. **细胞质**

充于细胞壁内，染色较浅，有时被大液泡挤成一薄层，仅在细胞的两端较明显或靠近细胞壁的边缘较明显。

3. **细胞核**

为小球体或扁球体，染色较深。在幼嫩的细胞中位于细胞中央；在成熟的细胞中由于有中央大液泡的形成，使它紧贴于细胞壁。细胞核包括核膜、核液、核仁（为核质中 1 个~3 个发亮的小颗粒）。有时在撕表皮时，细胞已经破裂，细胞核与细胞质均流出，因此细胞中无细胞核。

4. **液泡**

在细胞质中较透明的部分即液泡。幼嫩的细胞内能看到多个小液泡，成熟细胞仅有一个大的液泡，占据了细胞绝大部分（图 3-3）。

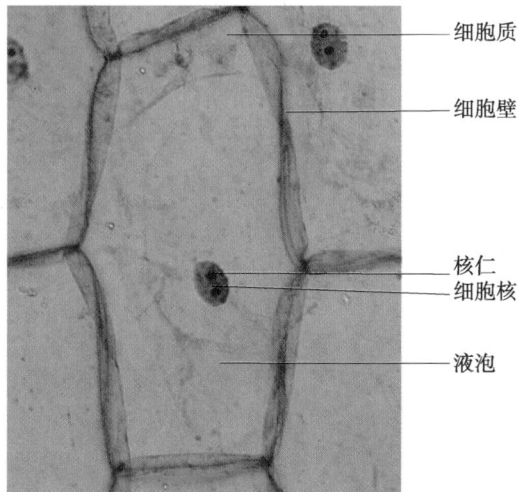

图 3-3 虎皮万年青叶表皮细胞显微结构图

（二）果肉细胞的形态与结构

用解剖针挑取成熟的番茄果肉或西瓜果肉，于载玻片中分散，制成水装片，在显微镜下观察，可见圆形或椭圆形的细胞，并观察其细胞结构。

二、细胞器的观察

（一）质体

1. 白色体

用镊子撕取鸭跖草或玉米叶鞘的表皮，用水制成临时片，在显微镜下可见，细胞核周围有许多无色、球形的小颗粒，即是白色体。

2. 叶绿体

取藓类植物的"叶"（仅有 1~2 层细胞），用水制成临时片，在显微镜下可见许多绿色小颗粒，即为叶绿体。或取茶叶的横切片，观察叶肉细胞中的叶绿体（图 3-4）。

3. 有色体

取红辣椒去其表皮，取果肉细胞，用水制成临时片，在显微镜下观察，可见许多不规则的红色、黄色、橙色的颗粒，即为有色体（图 3-5）。

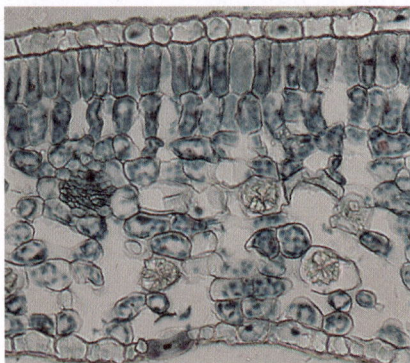

图 3-4　茶叶肉细胞中的叶绿体　　　图 3-5　红辣椒果肉细胞中的有色体

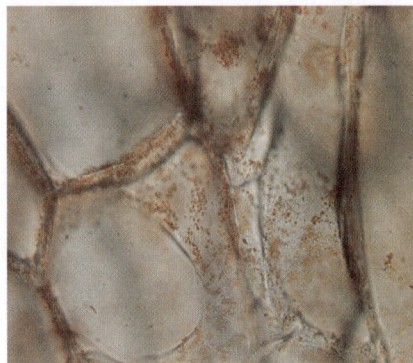

（二）线粒体

取洋葱鳞叶或鸭跖草叶表皮置于有水滴的载玻片上，滴加碱性紫 2 滴~3 滴，1 分钟~2 分钟，冲洗 3 次，盖上盖玻片，于显微镜下观察，可见细胞核、细胞壁、线粒体均成紫色，但线粒体呈蚁蚕状。

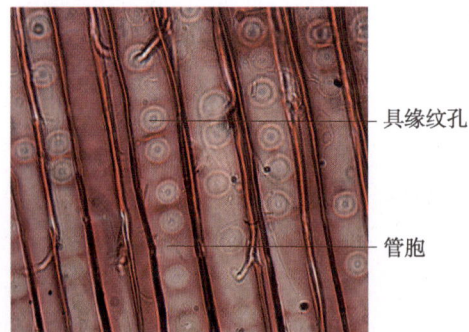

具缘纹孔

管胞

图 3-6　松木管胞上的具缘纹孔

三、纹孔和胞间连丝

1. 单纹孔

取已制好的洋葱鳞叶内表皮细胞，置于高倍镜下观察，发现相邻两细胞间的壁上，有许多极小的凹陷，即单纹孔。

2. 具缘纹孔

取松木径向纵切的永久切片，观察其管胞，可见每一个管胞的壁上都分布着许多同心圆，每一个同心圆就是一个具缘纹孔（图 3-6）。

3. 胞间连丝

取柿或枣的种子，将胚切成薄片，放入乙
醚中溶去油质，经 100%、95%、85%、70%、50%、35%、20% 乙醇，各 5 分钟，取
出切片于载玻片上，加 1 滴碘液，盖上盖玻片，染色数分钟，在显微镜下可见胞间连
丝染成淡黄色。

【实验指导】

一、实验作业

1. 绘洋葱鳞叶内表皮细胞结构图。

2. 绘具缘纹孔侧面观简图，并简述纹孔类型及其结构特点。

二、思考题

1. 为何细胞的各个部分遇碘液后会产生染色深浅或不染色的反应？

2. 在你的周围还能看到哪些形态的植物细胞？

3. 三种质体之间可以相互转化吗？

Experiment 1　The Basic Morphology and Anatomy of the Plant Cell

【The Aim and Demand】

1. Understand the optical structure and maintaining methods of the microscope, and master the useage of the microscope.

2. Master the basic structure of plant cell under the microscope.

3. Understand the variety of the plant cell.

4. Grasp the method of temporary glassslide and the basic knowledge of drafting.

【Experiment Material】

Fresh material：Bulb of *Allium cepa*, *Allium fistulosum* L, flesh of *Lycopersicum esculentum*, flesh of *Citrullus lanatus*, leaf of *Commelina communis*, Musci, *Capsium frutescens*, seeds of *Diospyros kaki* and *Ziziphus jujuba*. Paraffin wax slice：*Rothdea japonica*, leaf of *Camellia sinensis*, wood tissue section of *Pinus sp.*

【Instrument and drugs】

Microcsope, glass slid, cover slip, dissecting needle, forceps, bibulous paper, alcohol burner, distilled water, dilute iodine solution, alkaline purple, 100% alcohol, 95% alcohol, 85% alcohol, 70% alcohol, 50% alcohol, 35% alcohol, 20% alcohol.

【Experiment Contents】

1. The basic structure of the plant cell

（1） The anatomy of the epidermis cell：

Take the scale leaf of *Allium cepa* or *A. fistulosum* L （or use the paraffin wax slice of *Rothdea japonica*）, and use the razor blade cut a square of $0.5cm^2$ on its inside epidermis slightly. With the aid of a forceps tear a piece of epidermis down from where have been cut, spread it on the drop of water in the center of a glass slid, cover to make a temporary mount, and absorb surplus water with bibulous parer. Then, put it under the low power microscope for observing. Note the cluster of cells is often near rectangular and arranged tightly and regularly. Change to the high power lens to make close observation into its internal structure when located on one of the cells.

For further observation of cellulararchitecture, to dye the glassslide with diluted iodine TS （Method：Place one drop of diluted iodine TS in contact with the edge of the cover glass of the mount, and at the same time remove the excess of water with blotting – paper from the other side of it. ）. Response to dye varies depended upon different cellular structure, so there can be seen under the microscope：

①Cell wall：Located in the outermost layer, characteristic for the plant cell. Only one layer can be seen under the microscope.

②Cytoplasm：It is filled within the cell wall, dyeing is shallow, sometimes been squeezed to become a thin layer by the vacuole, only the both ends of the cell or the edges closed to cell wall are obvious.

③Nucleus：Located in the center of pre-matured cell, a deep dyed spherule or oblate spheroid, or hug closely to the cell wall because of formation of the vacuole in the center of the matured cells. Nucleus includes nucleus membrane, nuclear sap, nucleolus （one to three splendent granule in the nuclear sap）. Sometimes nucleus and cytoplasm cannot be seen for they all already run off, because the cell has broken while toring epidermis.

④Vacuole：There are many little vacuoles in the delicate cell, but in mature ones there is only one big vacuole can be seen which occupied most part of the cell.

（2） Conformation and shape of the flesh of cell：

Pick the mature flesh of *Lycopersicum esculentum* or flesh of *Citrullus lanatus* with dissecting needle; disperse in glassslide to make up a water – mount. Examine the mount under microscope, there can be seen circular or oval cells, and their cellular structure may also be observed.

2. Studying cell organ

（1） Plastid

①Leucoplast ：Tear a piece of epidermis out from leaf of *Commelina communis* or leaf sheath of *Zea mays* with forceps, to make a temporary mount with water and examine microscopically. Around nucleus there are a lot of achromatous and global grains, called leucoplast.

②Chloroplast：To make moss's "leaf" (only 1layer ~ 2 layers of cells) into a temporary mount with water, there can be seen a great deal of green granules under the microscope, which are chloroplasts. Or take the transverse section of leaf of *Camellia sinensis*, and observe chloroplast in mesophyll cell.

③Chromoplast：Peel off the epidermis of red hot pepper, and take the flesh of fruits cells to make into a temporary mount with water and examine microscopically. There are many anomalous red, yellow, and orange grains, which are chromoplasts.

（2）Mitochondria

Take up the scale leaf of *Allium cepa* or leaf epidermis of *Commelina communis*, spread it on the drop of water in the center of a glass slid, add 2 drops – 3 drops of alkaline purple, wait for 1minute – 2 minutes, rinse thee times and cover. When observe microscopically, note that the nucleus, the cell wall and the mitochondria are all purple, whilst the latter showing itself like newly hatched silkworm.

3. Pit and Plasmodesma

（1）Single Pit

Place the ready – made endepidermis cells from the scale leaf of *Allium cepa* under the high power lens, and notice that plenty of hollows occur upon the wall between two adjacent cells, called single pits.

（2）Bordered Pit

Take permanent mount of wood tissue section of *Pinus sp.*, radially longitudinally cut, and observe its tracheid. Then we can see many concentric circles on the wall of each tracheid, and we refer to each concentric circle as the bordered pit.

（3）Plasmodesma

Take the seed of *Diospyros kaki* or *Ziziphus jujuba*, and cut the embryo into thin slice, and put it into aether solution to leach out the oiliness. Then process the slice through 100％, 95％, 85％, 70％, 50％, 35％, 20％ ether respectively, each 5 minutes, put it on the glass slid, and add a drop of iodine TS, and cover for dyeing a few minutes. The plasmodesma takes on faint yellow microscopically.

【Experiment Guides】

1. Laboratory Assignments

（1）Make structure drawing of endepidermis cells from the scale leaf of *Allium cepa*.

（2）Make side elevation of the bordered pit , and point out the type of pits and their structural characters.

2. Questions

（1）Each part of a cell acted by iodine liquid produces different color, from deep to shallow dyed or even colorless, then why?

（2）Have you seen any other form of plant cells surrounding you?

（3）Can three kinds of plastid convert mutually?

实验二　植物细胞后含物

【实验目的】

1. 掌握植物细胞后含物的种类、形态构造及化学鉴别方法。

2. 掌握徒手切片法。

3. 掌握临时装片法。

【实验材料】

新鲜材料：马铃薯块茎、蒲公英根、蓖麻种子、花生（果实）。药材粉末：大黄、半夏（或山药）、猪苓、甘草、射干。

【实验器材、药品】

显微镜、载玻片、盖玻片、解剖针、镊子、吸水纸、酒精灯、蒸馏水、稀碘液、碘－碘化钾试剂、苏丹Ⅲ、75%乙醇、水合氯醛试液、甘油乙醇溶液、50%的硫酸试液。

【实验方法】

一、淀粉粒

取马铃薯块茎一小块，用刀片刮取少许混浊汁液，用水装置，制成临时标本片，置显微镜下观察。可见有许多大小不等呈卵圆、类圆形的颗粒即淀粉粒。注意观察单粒、复粒、半复粒的形态结构，观察淀粉粒的层纹、脐点的位置和形状。

观察后，于盖玻片的一侧滴加稀碘液1滴，并在盖玻片相对的一侧，用吸水纸吸水，使稀碘液逐渐引入盖玻片内，注意观察淀粉粒颜色的变化（图3-7）。

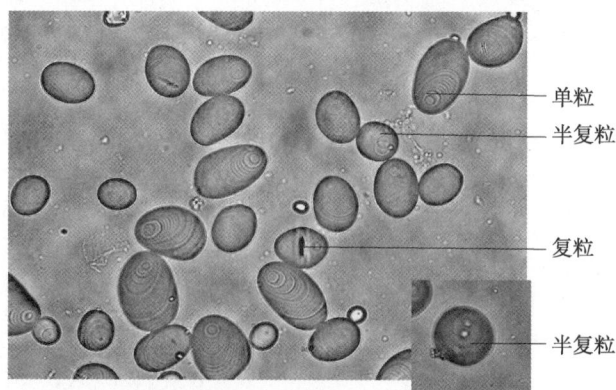

图3-7　马铃薯块茎的淀粉粒

二、菊糖

把蒲公英的根浸于95%乙醇中5～7天，取出蒲公英根一小段，用徒手切片法切片。挑取一片置于载玻片上，滴2～3滴75%乙醇，盖上盖玻片，于显微镜下观察，可见在薄壁细胞中靠近细胞壁处有呈球形或扇形的菊糖结晶。

三、贮存蛋白质

取蓖麻种子，剥去种皮，用肥厚的胚乳做徒手切片。先把切片放入盛有纯乙醇的培养皿中洗涤数分钟，使材料中的脂肪溶解。然后将切片取出制成装片在高倍镜下观察，可以看到胚乳细胞内的糊粉粒，它是由蛋白晶体、球蛋白体和填充的无定形胶质共同组成。如在切片上滴加1滴碘—碘化钾试剂，其蛋白质呈黄色。

试想糊粉粒存在于细胞何处？

四、脂肪和脂肪油

取花生种子的肥厚子叶做徒手切片，并用苏丹Ⅲ溶液染色，在显微镜下观察，可看见在细胞内有被染成红色的油滴，即脂肪油。

五、草酸钙结晶

分别取大黄、半夏（或山药）、猪苓、射干粉末各少许，分别放在4个载玻片上，滴加水合氯醛溶液数滴，用解剖针边搅拌边在酒精灯上微微加热约2～3分钟，加热过程中，为了避免蒸干，随时添加水合氯醛溶液（滴加水合氯醛时，移开酒精灯），并且在水合氯醛沸腾后，应离开酒精灯稍作冷却再加热。重复滴加水合氯醛3次～4次即可。加热后，待玻片稍冷，再加甘油乙醇溶液1滴，用解剖针调匀，加盖玻片，并擦净盖玻片以外的溶液，以备显微镜下观察。这样的临时制片通常称为水合氯醛装置，这种操作过程又可称为透化过程。

1. 簇晶

观察大黄粉末的水合氯醛装置片，可见呈星状或簇状的结晶，即为簇晶（图3－8）。

2. 针晶束

观察半夏（山药）粉末的水合氯醛装置片，可见散在，但多集成束的针状结晶，即为针晶或针晶束（图3－9）。

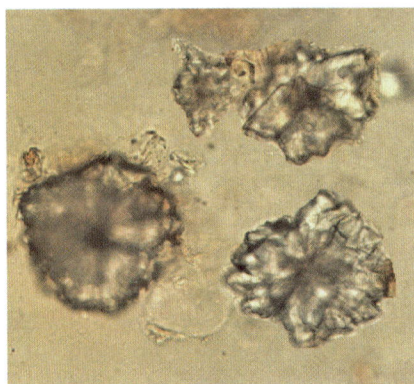

图3－8　大黄粉末中的簇晶　　　　图3－9　山药粉末中的针晶束

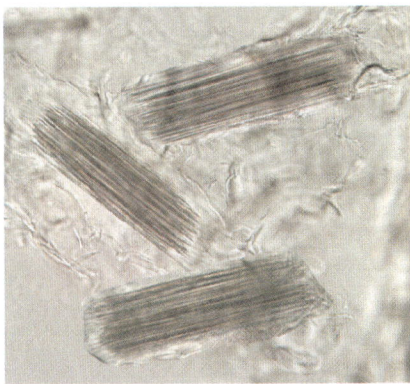

3. 方晶

观察猪苓（甘草）粉末的水合氯醛装置片，可见正方形、双锥形、类方形等形状的结晶，即为方晶（图3－10）。

4. 柱晶

观察射干粉末的水合氯醛装置片，可见长柱形的结晶，即为柱晶（图3－11）。

观察后，任取一水合氯醛装置片，于盖玻片的一侧，滴加50%的硫酸试液一滴，用吸水纸将硫酸试液吸入盖玻片内，并擦净盖玻片周围的硫酸，于低倍镜下观察（试想为何不用高倍镜？），注意结晶有何变化？为什么？

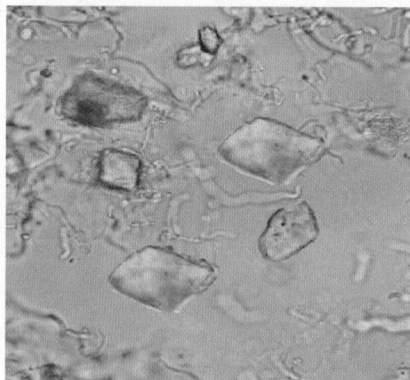

图3－10　猪苓粉末中的方晶

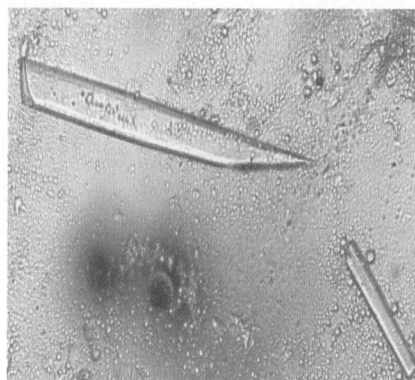

图3－11　射干粉末中的柱晶

【实验指导】

一、实验作业

1. 绘出马铃薯块茎中的淀粉粒（单粒、半复粒、复粒）。

2. 分别绘出大黄粉末中的簇晶、半夏粉末中的针晶束、猪苓粉末中的方晶、射干粉末中的柱晶。

二、思考题

1. 为什么说淀粉粒、草酸钙结晶在生药鉴别中具有鉴定价值？

2. 结晶体除草酸钙结晶外还有哪一种？两者如何鉴别？

3. 你能说出已学过的植物细胞后含物的种类吗？

Experiment 2　　Ergastic Substance

【**The Aim and Demand**】

1. Master the kinds, structural configuration of the ergastic substances in the cell and their chemical identifications.

2. Master the method of free-hand sectioning.

3. Master the method of making temporary section.

【Experiment Material】

Fresh material: Tuber of *Solanum tuberosum*, root of *Taraxacum mongolicum*. Powder of *Rheum officinale*, powder of *Pinellia ternata*, powder of *Polyporus umbellatus*, powder of *Glycyrrhiza uralensis*, powder of *Belamcanda chinensis*, seed of *Ricinus communis*, *Arachis hypogaea* (fruit).

【Instrument and drugs】

Microcsope, glass slid, cover slip, dissecting needle, forceps, bibulous paper, alcohol burner, distilled water, dilute iodine solution, iondine, potassium iodine solution, sudan three, 75% alcohol, chloral hydrate reagent, glycerin alcohol, 50% sulphuric acid solution.

【Practical Works】

Ergastic substance of plant cell

1. Starch granules

Take upa small piece of the tuber of *Solanum tuberosum*, and pare off to take a few turbid liquids with a razor blade, to make up a temporary water – mount and examine under the microscope. There can be seen many big or small oval, rounded shaped granules, which are starch granules.

Note the following characters of starch granules respectively: shape of simple granules, compound granules or semi – compound granules and location, shape of striations or hilum (pl. hulia).

Finally, place one drop of iodine TS in contact with the edge of the cover glass of the mount, and apply a strip of filter – paper to the other edge of the cover glass, thereby drawing some of solution under the cover glass. Note in the color of starch granules the changes observed under the microscope.

2. Inulin

Take a little section of root of *Taraxacum mongolicum* that immersed in 95% alcohol for 5days – 7 days, follow the method of free – hand sectioning to make the temporary 75% alcohol slide, then to observe under a microscope. You can see that there are sheroidal or fan – shape inulinscrystal near the cell wall of parenchyma cell.

3. Reserveprotein

Take up the seed of *Ricinus communis*, and peel off seed capsule, and cut the thick embryosperm into slices with a razor blade. First put slices inside the culture dish filled with alcohol, wash them for a few minutes to make the fat in the material dissolve.

Then take out to make slices into themounts and observed under high power, note that aleurone grains in the cells, those are composed together by protein crystal, spherical albuminous body and amorphous stuffed gelatin. Add one drop of iodine – potassium iodide TS, the protein turns yellow. Just think where do the aleurone grains exist in the cell?

4. Fat and fixed oil

Cut the fleshy cotyledon with a razor blade from the seed of *Arachis hypogaea* (fruit) into slices, then add several drops of Sudan Ⅲ TS, cover and examine microscopically. Notice the oil droplet contained in the cell stained red, which is fixed oil.

5. Calcium oxalate crystal

Mount a few the following four powdered materials of *Rheum officinale*, *Pinellia ternata*, *Polyporus umbellatus*, *Belamcanda chinensis* in chloral hydrate solution (a few drops) respectively, heat gently above a alcohol burner while stirring with a dissecting needle for 2 minutes – 3 minutes. To avoid drying out, add chloral hydrate solution occasionally (when doing this, move away the burner first), and if the solution becomes boiling, it should be removed to let it cooled off slightly and then heat again.

Repeat the above process three to four times, leave the glass slid to cool off slightly and then add one drop of glycerin alcohol, using the dissecting needle mix well, cover, wipe out excess of solution from outside of cover slip and examine microscopically.

This kind of temporary mount is usually calledchloral hydrate mount and the process of making into such mount is refered to as the hyaline process.

Observe the following characters of the crystals of calcium oxalate of each powder:

(1) Cluster crystal observe chloral hydrate mount of powdered *Rheum officinale*, and astriod or clusters of calcium oxalate can be seen, which termed as cluster crystal.

(2) Acicular crystal observe chloral hydrate mount of powdered*Pinellia ternate* (*Dioscorea opposita*), and scattered, but usually integrated, bunchy needle – like clusters of calcium oxalate can be seen, termed as acicular crystal or raphides.

(3) Solitary crystal observe chloral hydrate mount of powdered *Polyporus umbellatus* (*Glycyrrhiza uralensis*), there can be seen square, biconical, or class square crystal, termed as solitary crystal.

(4) Styloid observe chloral hydrate mount of powdered *Belamcanda chinensis*,

numerous styloid can be found taking the shape of long cylindrical crystal, termed as styloid.

After observation, place one drop of 50% sulphuric acid in contact with the edge of the cover glass of the mount (any of the above mount), apply a strip of filter – paper to the other edge of the cover glass, thereby drawing some of solution under the cover glass, wipe out excess of the solution and examine under the low power (why not under the high power?) Notice in the crystals of the above mounts the changes observed. （Why？）

【Experiment Guides】

1. Laboratory Assignments

（1）Make sketch of the starch granules in tuber of *Solanum tuberosum*, (simple granules, compound granules or semi – compound granules) .

（2）Prepare the following drawings respectively：clusters of powdered *Rheum officinale*, raphides or needles of powdered *Pinellia ternata* and solitary crystal of powdered *Polyporus umbellatus*.

2. Questions

（1）The starch granules and calcium oxalate take on differential values in dried medicinal herbs, why?

（2）Is there an other crystal besides calcium oxalate crystal? How to distinguish between them?

（3）Could you describe the sort of ergastic substances you have learned?

实验三　植物细胞的有丝分裂

【实验目的】
掌握植物细胞有丝分裂各时期的主要特征。
【实验材料】
新鲜材料：洋葱鳞茎。洋葱根尖纵切面永久切片。
【实验器材、药品】
显微镜、载玻片、盖玻片、解剖针、镊子、吸水纸、浓盐酸、95%乙醇、醋酸洋红。
【实验方法】

一、压片法

取洋葱鳞茎放于盛有清水的培养皿中，置温暖处培养3~5天，注意换水，至长出白色的嫩根。

选择洋葱根尖细胞分裂的最高峰期，即夜24时左右，或上午10~11时，或下午

15~16时，取材，压片制片。具体方法见第二章第一节之压片法。制片后，于显微镜下观察有丝分裂的各个时期的特征。

二、永久切片

用洋葱根尖纵切面的永久切片观察有丝分裂各个时期的主要特征。

1. 分裂间期

细胞核大，结构均一，可以清楚地看到核膜和核仁。这是细胞积累物质，贮备能量的时期。

2. 前期

细胞核内染色质出现颗粒状浓缩，随后逐渐形成棒状染色体，所有染色体分散于整个核内。前期时间较长，因而形态特征可以因分裂进展的迟早不同，而有多种形式。前期结束时核膜、核仁消失。

3. 中期

染色体与纺锤丝相连，排列于赤道面上，纺锤体形成。

4. 后期

各对染色单体由于着丝点分开，从赤道板上相背分离，开始移向两极，分别组成独立的子染色体。

5. 末期

两组子染色体到达两极，各成密集的一团，并逐渐变的细长而离散，核膜、核仁又重新出现，组成子细胞核。同时连续纺锤丝在赤道板上越来越密，形成膜体，并形成细胞板，逐渐成为胞间层。形成了 2 个细胞（图 3 – 12）。至此有丝分裂过程结束。

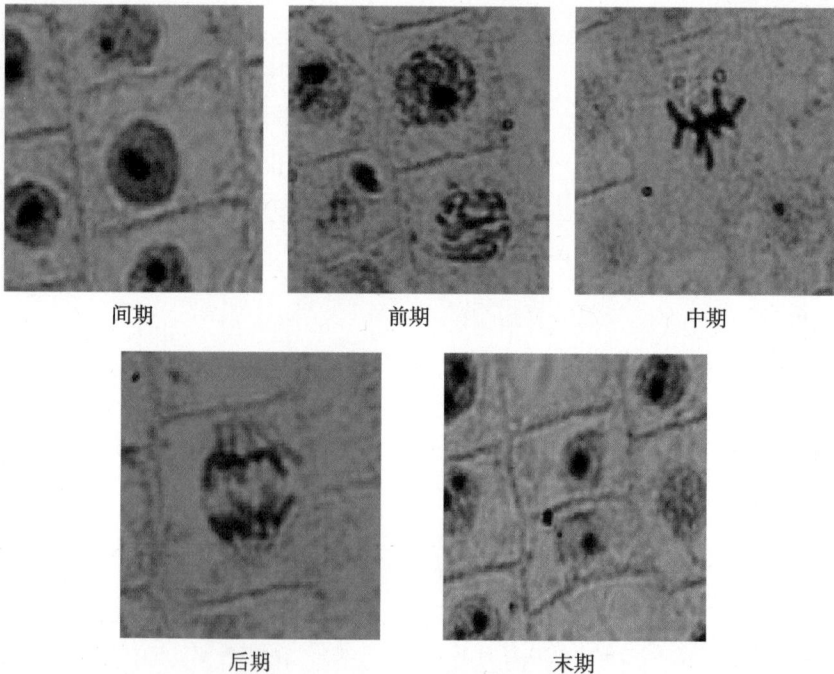

间期   前期   中期

后期   末期

图 3 – 12　有丝分裂的各个时期

【实验指导】

一、实验作业

1. 画出细胞有丝分裂各个时期的细胞图。

2. 叙述洋葱根尖细胞有丝分裂各时期的主要特征。

二、思考题

做好植物细胞有丝分裂压片的关键是什么?

Experiment 3　Mitosis in the Plant Cell

【The Aim and Demand】

Master the principal features of each phase of mitosis in the plant cell.

【Experiment Material】

Fresh material：Bulb of *Allium cepa*, longitudinal permanent slices of bulb or root apex of *Allium cepa.*

【Instrument and drugs】

Microcsope, glass slid, cover slip, dissecting needle, forceps, bibulous paper, concentrated hydrochloric acid, 95% alcohol aceto – carmine.

【Practical Works】

1. Tabletting method

Place the bulb of *Allium cepa* into a culture dish filled with fresh water, culture warmly for three to five days while keeping changing water until it grows out white delicate roots. Draw materials from root apex of onions at its the peak time of cell division, that is around 12 on midnight or 10 – 11 a. m. , or 3 – 4 p. m. , and make into the mount using pressed disc method. For reference see chapter Ⅱ, 1, the basic experimental techniques – method for pressed disc. Cover and examine microscopically. Note the main characteristics in each period of cell mitosis.

2. Paraffin wax slice

Observe the principal features of each phase of mitosis with longitudinal permanent slices of bulb or root apex of *Allium cepa.*

（1）Interphase：The nucleus is big, and the construction is uniform, and the nuclear membrane with the nuclear sap can be seen clearly. This is the period when cells bring materials together, and stockpile energy.

（2）Prophase: There inside the nucleus emerge condensed granulose chromatin, and then gradually become the clubbed chromosome, and the entire chromosome scatter about inside the nucleus. Because the time of prophase is longer, the morphological characteristics can have various forms according to time course. While completing prophase, the nuclear membrane and the nuclear sap disappear.

（3）Metaphase: The chromosome and the spindle fibers connect with each other, and arrange in the surface of the equator. And spindle forms.

（4）Anaphase: The centromere detaching, each pair of chromatids set apart from the equatorial plate to move to the two poles, thereby to compose the independent daughter chromosome respectively.

（5）Telophase: The two daughter chromosomes arrive at the two poles, each turn to be a dense conglomeration, then gradually fall into slender and discrete to constitute the daughter nucleus accompanying by emerging of the nuclear membrane with the nuclear sap again. Synchronously, the successive spindle fibers getting thicker on the equatorial plate, to yield from the membrane body to cell plates, which come into being the intercellular layer gradually. The process of mitosis terminates until divided into two cells.

【Experiment Guides】

1. Laboratory Assignments

（1）Draw up each phase of mitosis in the plant cell.

（2）Sketch the main characteristics in each period of cell mitosis occurred in the root apex of *Allium cepa*.

2. Questions

What is thekey point in making up pressed disc for observing plant cell mitosis?

第四章 植物组织

Chapter Ⅳ Plant Tissues

实验四 分生组织 基本组织 保护组织 分泌组织

【实验目的】

掌握各种组织的形态特征、结构、分布及功能。

【实验材料】

永久切片：洋葱根尖、薄荷茎、厚朴树皮、橘皮、当归根、松茎横切面。新鲜材料：刺槐老茎、山芋块根、天竺葵叶、生姜根茎、蒲公英根。

【实验器材、药品】

显微镜、载玻片、盖玻片、解剖针、镊子、吸水纸、酒精灯、蒸馏水、稀碘液、1%番红、苏丹Ⅲ、20%醋酸。

【实验方法】

一、分生组织

(一) 初生分生组织

取洋葱根尖纵切面制片，先置于低倍镜下观察，可以看到根尖的先端一个帽状的结构，由许多排列疏松的细胞组织，叫根冠。在根冠的内方就是根的顶端分生组织。转换高倍镜，观察细胞形态特征：近等径，无细胞间隙，细胞壁薄，细胞质稠密，细胞核所占比例较大，且位于细胞中央，液泡很小或无（图4-1）。

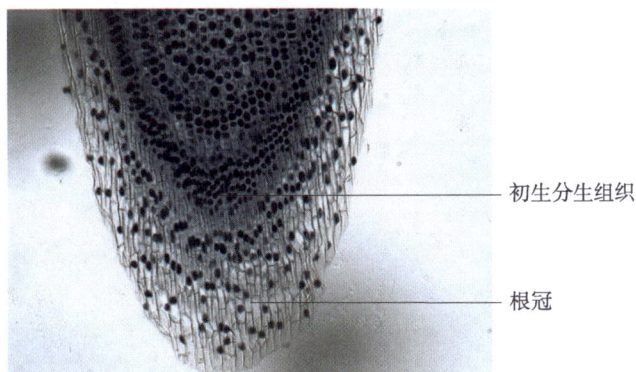

图4-1 洋葱根尖的初生分生组织及根冠

（二）次生分生组织

1. 形成层

取薄荷茎横切面制片，置于显微镜下观察，可见环状的维管束，在维管束的木质部与韧皮部之间，可见几列排列整齐、紧密略呈扁长方形的细胞群，即形成层（图4-2）。

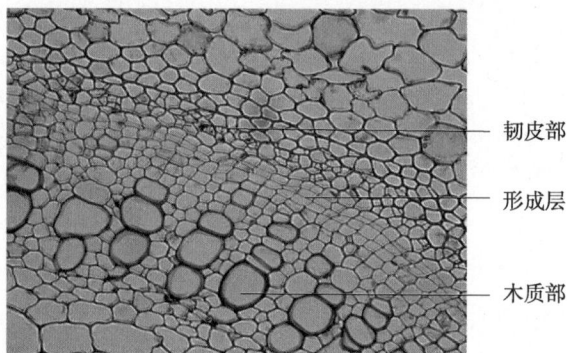

韧皮部

形成层

木质部

图4-2　薄荷茎横切面部分结构（示形成层）

2. 木栓形成层

取刺槐或其他树种的老枝，作徒手横切片，用1%番红水溶液临时封片镜检。可观察到切片的边缘有多层扁平细胞，排列整齐且紧密，其中染成红色、细胞内无内含物的死细胞为木栓层。在木栓层内方有几层颜色淡而扁平的细胞为木栓形成层，仔细观察其结构特点。

二、基本组织

取山芋块根，作徒手切片，镜检。可见许多近等径、多边形的贮存薄壁细胞。细胞有间隙，细胞内有许多颗粒，即贮存的淀粉粒。

三、保护组织

（一）初生保护组织

用镊子撕取天竺葵叶或南瓜叶下表皮（或其他植物叶），用水装片，置显微镜下观察。可见表皮细胞形状不规则，彼此嵌合，无细胞间隙。在这些表皮细胞之间还分布着一些由二个半月形（肾形）的保卫细胞组成的气孔，保卫细胞含有叶绿体，而表皮细胞中则无叶绿体。注意气孔的类型。

同时观察表皮上的各种毛茸，有先端锐尖的毛茸，为非腺毛，还有先端膨大成球状且具短柄的腺毛。见图4-3及图4-4。

（二）次生保护组织

取厚朴树皮横切面切片，于显微镜下观察，可见外侧有数层细胞，这些细胞壁厚，径向排列整齐，腔内无原生质体，为死细胞，常染成深红色。这是木栓层细胞的侧面观。木栓层的内方为1~2层扁平的生活细胞构成的木栓形成层。木栓形成层的内方为多层薄壁细胞组成的栓内层，栓内层细胞常呈多边形或类圆形。木栓层、木栓形成层、栓内层共同组成次生保护组织—周皮（图4-5）。注意观察皮孔的结构。

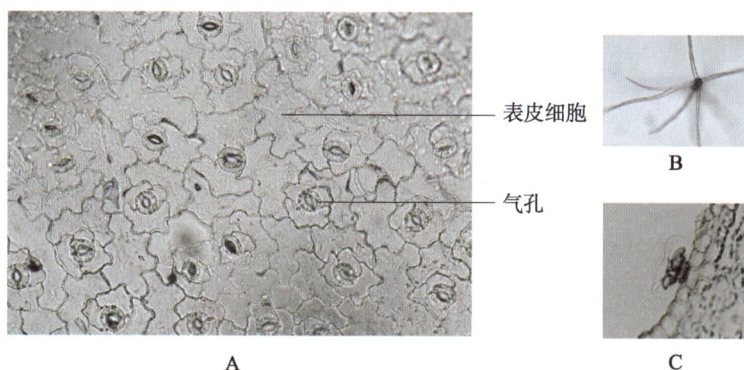

图 4-3　初生保护组织（示双子叶植物叶表皮）
A. 紫花地丁下表皮显微图　B. 二月兰叶星状毛　C. 薄荷叶腺鳞

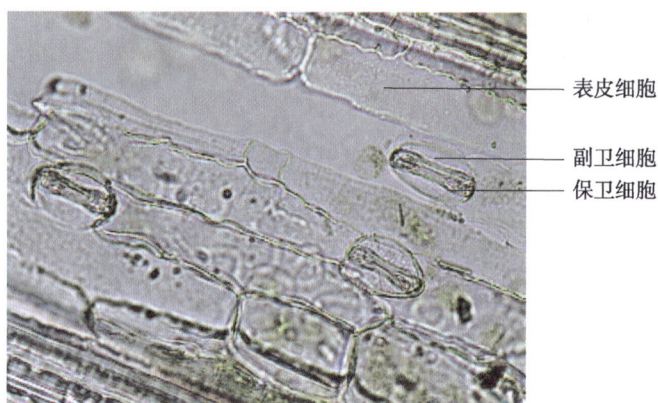

图 4-4　初生保护组织（示禾本科植物叶表皮）

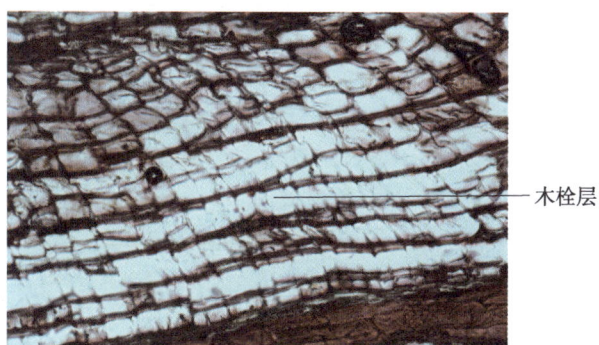

图 4-5　厚朴木栓层细胞的侧面观

四、分泌组织

（一）分泌细胞

取姜根茎，徒手切片，用水装置，置显微镜下观察，可见散布着一些椭圆形的细胞，细胞内充满黄色液体，该细胞即为油细胞，黄色溶液即为挥发油。滴加苏丹Ⅲ试液，油液呈红色。

（二）分泌腔

取橘皮横切片或用徒手切片，置显微镜下观察，可见许多薄壁细胞围拢成圆形的腔隙，腔内有残余的细胞壁存在。还可看到挥发油存在。这种腔内可看到残余细胞壁的分泌腔为溶生性的分泌腔（图4-6）。

取当归横切片，于显微镜下观察，可见许多由4个~10个完整细胞构成的较小的腔室，腔内有时能看到分泌物。即离生性的分泌腔（图4-7）。

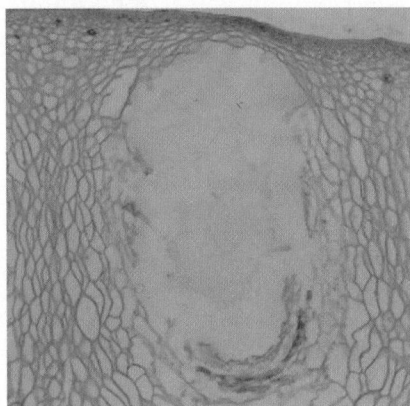

图4-6　桔皮的溶生性的分泌腔

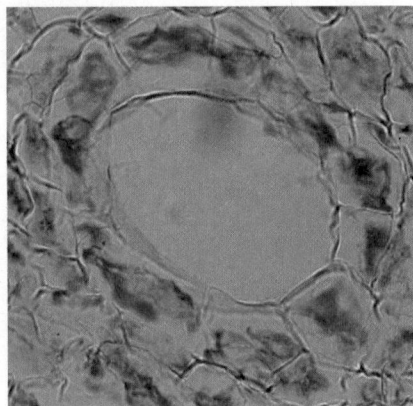

图4-7　当归的离生性分泌腔

（三）分泌道

取松茎横切片，于显微镜下观察，可见许多圆形的腔隙，它是由许多分泌细胞围拢形成的管道，分泌道内可见树脂，分泌细胞完整（图4-8）。

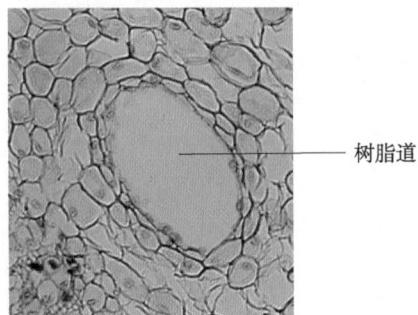

树脂道

图4-8　松茎横切面（示树脂道）

（四）乳汁管

用刀片切取蒲公英根纵向薄片于载玻片上，滴加20%醋酸1滴，微热后，加苏丹Ⅲ试液数滴，再微微加热，然后加盖玻片，在显微镜下观察，由于乳汁管内的乳汁被染成红色，因此可以观察乳汁管的类型及分布。

【实验指导】

一、实验作业

1. 绘天竺葵叶表皮细胞及气孔、非腺毛、腺毛。
2. 绘厚朴木栓细胞的侧面观。
3. 分别绘出橘皮和当归中的分泌腔。

二、思考题

1. 分生组织如何分类？各有哪些特征？
2. 基本组织的主要特征是什么？
3. 何为内部分泌组织？
4. 离生的分泌腔与分泌道在横切片上有区别吗？

Experiment 4   Meristem Fissue, Fundamental Tissue, Protective Tissue, Secretory Tissue

【The Aim and Demand】

Grasp the morphology, construction, location andfunction of a variety of tissues.

【Experiment Material】

Paraffin wax slice: Root apex of *Allium cepa*, stem of *Mentha canadaensis*, *Magnolia officinalos*bark, cutis of *Citrus reticulata*, cross section of stem of *Pinus sp.*, radix of *Angelicae sinensis*. Fresh material: old stems of *Sophora japonica*, root tube of *Ipomoea batatas*, leaf of *Pelargonium hourtorum*, rhizoma of *Zingiber officinale*, root of *Taraxacum mongolicum*.

【Instrument and drugs】

Microcsope, glass slid, cover slip, dissecting needle, forceps, bibulous paper, spirit lamp, distilled water, thin iodine solution, 1% safranine, sudan three, 20% ethylic acid.

【Experiment Methods】

1. Meristem

(1) Primary Meristem

Place a slice of longitudinal section of root apex of *Allium cepa* under the low power, regard to a calyptriform construction at the head of the root apex constituted by many cells arranged loosely, which is called as calyptra, and to the inside of which is the meristem of the root apex.

Examined under the high power, cells are almost isodiametric with no intercellular space, and cell walls are thin with dense cytoplasm. Occupying larger space, the nucleus locates in the center of cell with very small vacuole or even has no vacuole.

(2) Secondary Meristem

①Cambium: Take up the transverse section of stem of *Mentha canadaensis* mount and examine microscopically. The mount shows a distinct cambium ring, consisting of one layer of cells between the xylem and phloem in the vascular bundles. Note the cambium are often elongated and arranged densely and regularly.

②Cork Cambium：Make a temporary mount of a transverse section of the *Robinia pseudoacacia* or other aged twigs with a razor blade, add 1% safranine solution, cover and examine microscopically. It will be found that the cork layer, composed of dead cells stained red with no ergastic substances inside of them, which among multi – layer squamous cells arrayed trimly and tightly at the rim of the slice. It can also be seen that the cork cambium is to the inside of the cork layer, which is composed of some layers of thin colored squamous cells. Examine structural features of the above tissue closely.

2. Fundamental Tissue

Cut the root tube of *Ipomoea batatas* into slices with a razor blade, and examine microscopically. The above mount shows that many storage parenchymas, which are nearly isodiametric, polygonal, and there are intercellular spaces between cells, within which there are plenty of granules, that are storage starch granules.

3. Protective Tissue

（1）Primary Protective Tissue

With the aid of a forceps tear apiece of epidermis down from a leaf of *Pelargonium hourtorum* or *Cucurbita moschata*, spread it on the drop of water in the center of a glass slid. When observed microscopically note that the epidermal cells have irregular forms tabled mutually with no intercellular spaces.

It will be found that between the epidermal cells spread some stomata formed by two lunate（kidney formed）guard cells, which contain chloroplasts, but the former have no chloroplasts. Note the structure of the stomata and their type（s）belonging to.

It can also be seen that various trichome occur on the epidermis. The non-glandular hairs are acute at the apex, and the glandular hairs are generally composed of a club-shaped stalk and a varicose bulbiform head.

（2）Secondary Protective Tissue

Examine a permanent mount oftransverse sections of the *Magnolia officinalos* bark microscopically. The above mount shows that the side elevation of the cork cells, which may be found near the lateral aspect of the mount. The chief important characters of the cork cells are as follows：the cells are dead cells, deep-stained red, radial alignment regularly, the walls thickened, and inside the lumina there are no protoplasts.

Inside the cork there lie 1layer – 2 layers of flat live cells constituted phellogen, inside of which, is phelloderm consisted of multilayer of thin-walled cells, those usually take the shape of polygon or class round. Cork, phellogen and phelloderm consist secondary protective tissue, which is refered to as periderm. Observe the structure of lenticel carefully.

4. Secretory Tissue

（1） Secretory cells

Makeslice of the rhizoma of *Zingiber officinale* with a razor blade and mounted in water, which showing the following microscopical characters: Oil cells elliptical, scattered in parenchyma, containing yellowish oil drops (volatile oils), which are stained red when adding Sudan Ⅲ TS.

（2） Secretory cavity

Examine the mount of the transverse section of cutis of *Citrus reticulata* under the microscope. Remarks: Several large cavities surrounded by some thin-walled cells, and this kind of cavity is formed by the dissolution of parenchyma, so the walls (sometimes even volatile oils) of some cells surrounding this central cavity still exist. It is termed lysigenous secretory cavity.

Place thepermanent mount of the transverse slices of the radix *Angelicae Sinensis* under the microscope. It will be noted smaller cavities consisted of numerous 4 – 10 intact cells, which sometimes contain secretion. It is termed schizogenous secretory cavity.

（3） Secretory canal

Under the microscope, the cross section mount of stem of*Pinus sp.* possesses the characters as follows: Many secretory canals that contain resin are circular lacuna, composed of numerous surrounding intact secretory cells.

（4） Laticiferous tube

Cutlongitudinally the root of *Taraxacum mongolicum* into slices, select the thinner one to place it on a slide, add one drop of 20% acetic acid, heat gently, then add several drops of Sudan Ⅲ TS, and heat for a moment, cover and examine microscopically. Note the latex contained in the laticiferous tubes stained red, that makes it convenient for the observation of types and allocations of the laticiferous tubes.

〔Experiment Guides〕

1. Laboratory Assignments

（1） Prepare the following drawings: epidermal cells, stomata, non – glandular hairs and glandular hairs of epidermal cells in *Pelargonium hourtorum*.

（2） Make sketches of the side elevation of the cork cells in the *Magnolia officinalos* bark.

（3） Sketch the secretory canals found in cutis of*Citrus reticulata* and radix *Angelicae sinensis* respectively.

2. Questions

（1）How to classify the meristem tissues? What characters do they bear?

（2）What are thecharacters of ground tissue?

（3）What is the internal secretory tissue?

（4）On cross section，does the schizogenous secretory cavity have distinction between the secretory canal?

实验五　机械组织　输导组织

【实验目的】
掌握各组织的形态特征、结构、体内分布及功能。

【实验材料】
永久切片：薄荷茎、松茎、南瓜茎。粉末：肉桂、黄柏。新鲜材料：梨果肉、苦杏仁。

【实验器材、药品】
显微镜、载玻片、盖玻片、解剖针、镊子、吸水纸、酒精灯、蒸馏水、间苯三酚、浓盐酸、水合氯醛试液、甘油乙醇溶液。

【实验方法】

一、机械组织

（一）厚角组织

观察薄荷茎或南瓜茎横切片，在茎的四角处或棱角处表皮层内侧的细胞，其细胞壁在角隅处加厚。即为厚角组织（图4-9）。

（二）厚壁组织

1. 纤维

取肉桂粉末少许，用水合氯醛装置，于显微镜下观察，可见有些细胞呈长梭形，两端细尖，壁厚，胞腔小或看不清胞腔，这种细胞即为纤维（有些已断缺）（图4-10）。用吸水纸吸出玻片中的水合氯醛液，滴加间苯三酚和浓盐酸试液各1滴，放置片刻，加上盖玻片，置镜下观察，可见纤维细胞壁呈红色（木质化）。

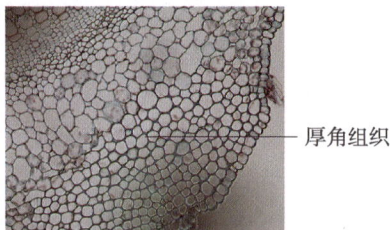

图4-9　薄荷茎横切面部分
（示厚角组织）

图4-10　肉桂粉末中的纤维

取黄柏（或甘草）粉末少许，用水合氯醛装置，于显微镜下观察，可见许多晶鞘纤维（图4-11）。注意仔细观察其结构。

2. 石细胞

用镊子撕取苦杏仁种皮一小片，以水合氯醛装置，进行观察，可见多数散列存在的黄色类圆形的石细胞，其细胞壁增厚，细胞壁上可见许多纹孔。如同上法吸出水合氯醛，滴加间苯三酚和浓盐酸试液，注意石细胞壁的变化。

挑取少许梨果肉，压碎，用水装片镜检，观察石细胞及石细胞群，细胞壁明显增厚，细胞腔较小，壁上有分枝纹孔（图4–12）。

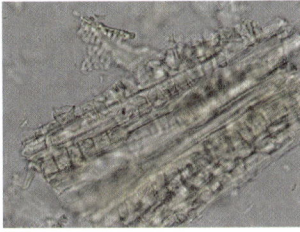

图4–11　黄柏粉末中的晶鞘纤维

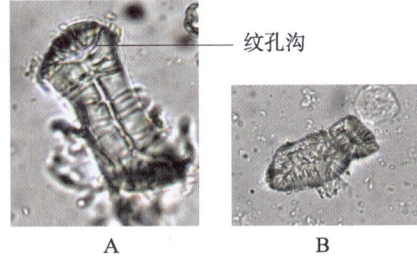

纹孔沟

图4–12　梨果肉中的石细胞
A. 石细胞　B. 石细胞群

二、输导组织

（一）管胞

取松茎纵切片，于显微镜下观察，可见两端斜尖的长管状细胞，即为管胞，在管胞壁上有排列成列的同心圆，每个同心圆即是一个具缘纹孔。

（二）导管

取南瓜茎纵切片，于显微镜下观察，可见经番红染成红色的长管状细胞，即为导管。在镜下尽量寻找各类型的导管（图4–13）。注意上下两个导管细胞之间有横隔吗？

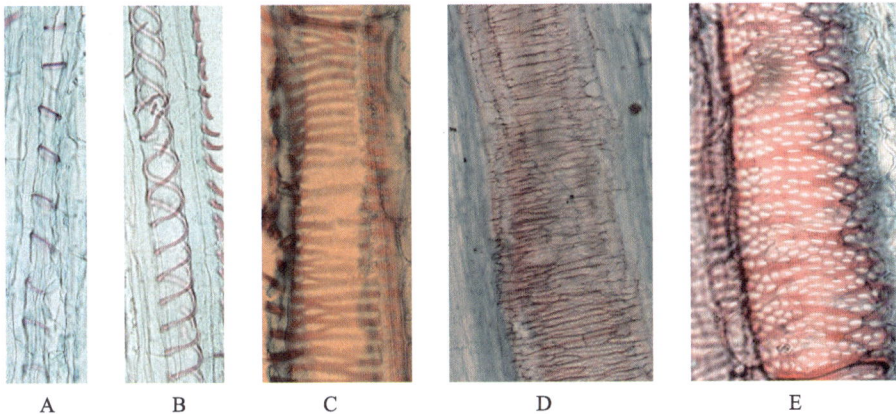

A　　　　B　　　　C　　　　D　　　　E

图4–13　南瓜茎中的导管
A. 环纹导管　B. 螺纹导管　C. 梯纹导管　D. 网纹导管　E. 孔纹导管

（三）筛管

取南瓜茎纵切片，找到韧皮部，观察经亮绿染成绿色的薄壁性纵行连接的管状组织，即筛管群。在筛管中可看到原生质，它是生活的细胞，但无细胞核。在两个筛管节连接处能看到横隔，即筛板，其上有许多筛孔。在筛管的旁边，可以看到一个与筛

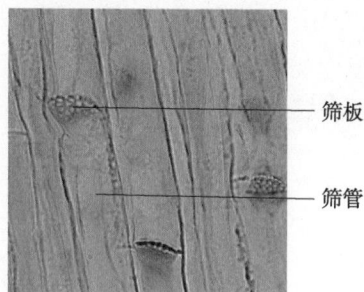

筛板

筛管

图 4 – 14　南瓜茎中的筛管

管节的长短相近，而直径较小的长形细胞，它总是伴随筛管同时存在，即为伴胞（图 4 – 14）。

【实验指导】

一、实验作业

1. 分别绘出肉桂粉末及黄柏粉末中的纤维和晶鞘纤维。

2. 绘梨果肉中的石细胞群。

3. 绘南瓜茎纵切片中的各式导管。

二、思考题

1. 厚角组织细胞壁是初生壁加厚还是次生壁加厚？

2. 为何肉桂纤维的细胞壁在实验染色中呈红色？

3. 管胞和导管有何不同？

Experiment 5　Mechanical Tissue and Conducting Tissue

【The Aim and Demand】

Grasp the morphology, construction, location and function of a variety of tissues.

【Experiment Material】

Paraffin wax slice: stem of *Mentha canadaensis*, stem of *Pinus sp.*, and stem of *Cucurbita moschata.* Fresh materials: *Pyrus sp.*, seed of *Armeniacae amarum.* Powder of Cortex *cinnamomum cassia*, powder of *Phellodendron amuranse.*

【Instrument and drugs】

Microcscope, glass slid, cover slip, dissecting needle, forceps, bibulous paper, spirit lamp, distilled water, phloroglucinol, concentrated hydrochloric acid, chloral hydrate reagent, glycerin alcohol.

【Experiment Methods】

1. Mechnical Tissue

（1）Collenchyma

Observe theparaffin wax slice of stem of *Mentha canadaensis* or stem of

Healianthus annuns under the microscope, notice that under the epidermis of stem arris or four corners of stem, there are layers of cells which thicken only in the corners. Those cells are called collenchyma.

（2）Sclerenchyma

①Fibers Mount the powered Cortex *Cinnamomum cassia* in chloral hydrate solution and examine microscopically: Most of fibers are spindle – shaped cells with thickened walls and apicule on both ends, and with smaller or even unclear lumina.

Now blotting up the solution, add one drop of phloroglucinol TS and hydrochloric acid respectively, allow to stand for a moment, the lignified walls are stained red.

Mount the power of *Phellodendron amuranse* (or *Glycyrrhiza uralensis*) in chloral hydrate solution and the crystal fibers can be seen under the microscope, and note carefully their structures.

②Stone cells Mount a piece of the testa teared out from the seed of the *Armeniacae amarum* in chloral hydrate solution and examine microscopically: Most of the stone cells scattered, yellow, subrounded, thick-walled and pitted.

According to the method of the above detection of lignified cell walls, test the stone cells. Pick up small amount of fleshes of *Pyrus sp.*, crush, mount in water and observed microscopically. Observe stone cells and group of stone cells. The cells distribute in flock, the walls wholly and intensely thicken, and the lumina obviously reduce. The cell walls have apparent striation with branched pit canals.

2. Conducting Tissue

（1）Tracheid: Place the mount of the longitudinal section of stem of *Pinus sp.* under the microscope, found that the tracheid is the long prismatic fistuliform cell with two bevel edges, strings of circles array on the walls of the tracheid, and each circle is a bordered pit.

（2）Vessel: Observed the mount of the longitudinal section of the stem of *Cucurbita moschata*. Microscopically, notice the groups of the vessels are long cannular cells stained red by safranine. Note and record the types of vessels observed. Is there any transverse septum between the upper vessel and the lower ones?

（3）Sieve Tube: Take of the longitudinal section of the stem of *Cucurbita moschata*, and find the phloem, then observe from the side of vessels, sieve tubes composed of thin-walled, vertical connected, cannular tissues stained green by brilliant green, contain protoplasm but no nucleus, which are alive. The sieve plate, which bearing many sieve pores, is the transverse septum located between the junctions of two sieve tubes.

Aside of sievetubes, companion cells always go with sieve tubes, which are microscler, diameters smaller, and lengths similar with those of sieve tubes.

【Experiment Guides】

1. Laboratory Assignments

（1）Prepare the following drawings respectively：fibers and crystal fibers in the powdered Cortex of *Cinnamomum cassia*, and in the powdered *Phellodendron amuranse*.

（2）Sketch the group of stone cells of fleshy fruit of *Pyrus sp.*

（3）Make sketches of all sorts of vessels in the longitudinal sections of stem of *Cucurbita moschata*.

2. Questions

（1）Is the cell walls of the collenchyma thicken in primary walls or in secondary walls?

（2）Why do the cell walls of the fibers of Cortex *Cinnamomum cassia* stained red?

（3）What is the difference between the tracheid and the vessel?

实验六　综合实验——植物组织

【实验目的】
1. 了解各种组织的细胞形态、结构特点。
2. 掌握不同组织的生理功能。
3. 掌握维管束的类型和特征。
4. 学习植物临时玻片的制作技术。

【实验材料】
永久切片：洋葱根尖、毛茛根、玉米茎、南瓜茎、石菖蒲根茎、贯众根茎、薄荷茎。新鲜材料：芹菜叶柄、珍珠梅、百合（白花）、植物叶、马铃薯块茎、榆树小枝。肉桂、黄柏粉末。

【实验器材、药品】
显微镜、载玻片、盖玻片、解剖针、镊子、吸水纸、酒精灯、蒸馏水、离析液、红墨水、70%乙醇。

【实验方法】

一、基本组织的类型、结构特点及主要功能

（一）贮藏基本组织

取马铃薯块茎一小块，用双面刀片进行徒手切片，选取薄的切片置于载玻片上，制成水装片。显微镜观察，可见贮藏细胞呈类圆形或类椭圆形，壁薄，内含大量的淀粉粒。

（二）同化基本组织

将马铃薯块茎修成一长柱（高2cm，横截面5mm×5mm），在横截面处切出一深约

5mm 的切口，取任一绿色的植物叶，加入切口中，用徒手切片法制作切片，选取好的切片，做成水装片。观察叶肉细胞的形态、结构特征。

（三）吸收基本组织

取洋葱根尖的纵切片，观察根毛的结构。

思考：根毛存在在根尖的哪个区？它的主要功能是什么？

二、机械组织的类型、结构特点及主要功能

（一）离析法观察纤维

（1）观察纤维组织：取榆树小枝的木质部，修成小段。用 10% 的铬酸和 10% 的硝酸等量混合配成的离析液。把切好的榆树小枝放入试管中，加离析液，煮 20 分钟，或塞紧瓶塞放入温箱（30℃~40℃）中，1 天~2 天。取出材料，用清水洗去离析液，制片观察纤维。剩余的材料保存于 70% 的乙醇中。

（2）观察厚角组织：取芹菜叶柄或唇形科植物的茎，徒手切片观察厚角组织。

三、导管输导水分上升实验

取任何一种带叶并开白花的植物枝条，如珍珠梅、百合花（白花）等。将其插在盛有稀释的红墨水的烧杯中。一个多小时后，当红墨水沿着导管等输导组织上升到叶片的尖端和白色花瓣中时，用手持放大镜观察红色脉纹，非常清晰，可以说明水分沿输导组织上升的途径及其在体内分布的状况。

【实验指导】

一、实验作业

1. 简述基本组织的主要特征及类型。

2. 比较纤维与石细胞的异同。

二、思考题

1. 你用哪些材料可以观察到不同的分泌组织？

2. 何为维管束？包括哪些类型？

Experiment 6　Comprehensive Experiment：Plant Tissue

【The Aim and Demand】

1. Understand cellular morphology and structural character of various tissue.

2. Graspphysiological function of different tissue.

3. Grasp sort and character of vascular bundle.

4. Learn how to make temporary section of plant.

【Experiment Material】

Paraffin wax slice: Root apex of *Allium cepa*, root of *Ranunculus japonicas*, stem of *Zea mays*, stem of *Cucurbita moschata*, rhizoma of *Acorus tatarinowii*, rhizome of *Cyrtomium fortune*, stem of *Mentha canadaensis*. Fresh materials: Petiole of *Apium graveolens*, *Sorbaria kirilowii*, *Lilium brownie* (white flower), leaf, tuber of *Solanum tuberosum*, shoot of *Ulmus pumila*. Powder of Cortex *cinnamomum cassia* and *Phellodendron amuranse*.

【Instrument and drugs】

Microcsope, glass slid, cover slip, dissecting needle, forceps, bibulous paper, spirit lamp, distilled water, segregation liquid, red ink, 70% alcohol.

【Experiment Methods】

1. Type and structural characteristics and main function of ground tissue

(1) Storage parenchyma

Take up the tuber of *Solanum tuberosum*, and cut thin slice of it with a razor blade. Select thin section and to make up a temporary water-mount and examine under the microscope. There can be seen storage cells taking shape of circle-like or ellipsoid shape, with thin-wall, containing numerous starch granules.

(2) Assimilation parenchyma

Prune the tuber of *Solanum tuberosum* into a long column (2cm in height, 5mm ×5mm cross sectional), then cut a slot of 5mm in depth on cross section, and then take up any leaf of green plant to put it into the slot. Then to make up a temporary water-mount with the method of free-hand sectioning after selecting good section of the material. Observe morphology and structural character of mesophyll cells.

(3) Absorption parenchyma

Take up longitudinal section of Root apex of *Allium cepa*, and observe its root hair structure. Please thing over the following questions. Which zone of root tip does root hair exist? What is the function of root hair?

2. Type and structural characteristics and main function of mechanical tissue

(1) Observe fiber with the mothod of segregation

Take up xylem of shoot of *Ulmus pumila*, and cut it into small pieces. Get some 10% chromic acid balanced mixed with some 10% nitric acid to make segregation liquid. Put piece of prepared shoot of *Ulmus pumila* into tube, then add some segregation liquid, boiled for 20 min, or plug tube tightly and put it in an incubater

（30℃~40℃）for 1day~2 days. Take out material and scour of segregation liquid, then make it up a temporary mount and observe fiber under a microscope. Preserve surplus material in 70% alcohol.

（2）Obseve collenchyma

Take uppetiole of *Apium graveolens* or stem of Labiatae plant, and slice it with a razor blade for observation of collenchyma.

3. Water ascending through vessel and tracheid (Demonstration)

Insert a twig blossoming out white with leaves (such as *Sorbaria kirilowii*, or *Hydrangea bretschneideri*, etc.) into a beaker filled with diluted red ink, and allow standing for more than one hour. Note under a magnifier, the red rat tails are very clear as red ink ascending to the top ends of blades and white petals through conducting tissue such as vessels, which demonstrates the ascending way of water through conducting tissue and its distribution inside the plant body.

【Experiment Guides】

1. Laboratory Assignments
（1）Sketch the main character and type of ground tissue.
（2）Depict similarities and dissimilarities of fiber between stone cell.

2. Questions
（1）With which materials can you observe different secretory tissue?
（2）What is vascular bundle? Which types does it include?

第五章 植物器官
Chapter V Plant Organs

实验七 根的初生结构

【实验目的】
1. 掌握根尖的分区与内部构造。
2. 掌握双子叶植物根的初生结构。
3. 掌握单子叶植物根的初生结构。
4. 了解侧根的形成。

【实验材料】
石蜡切片：洋葱根尖、蚕豆幼根、毛茛根、百部根。

【实验器材、药品】
显微镜、擦镜纸。

【实验方法】

一、根尖的分区及内部构造

取洋葱根尖或玉米根尖的纵切片，置显微镜下观察，顺序观察下列各区。

1. 根冠
位于根尖的顶端，略呈三角形，由许多排列疏松的薄壁细胞所组织，其外部有些细胞从根冠表面脱落，从而可见一些散离的根冠细胞。

2. 分生区
位于根冠之内，长仅 1～2mm，也称作生长点。细胞小，核大，细胞质稠密，具有不断分生的能力。

3. 伸长区
位于分生区的后方，由分生区细胞分裂而来，长约 2～5mm。此区细胞一方面沿长轴方向迅速伸长，另一方面逐步分化成不同的组织，向成熟区过渡，一般细胞内均可见较明显的液泡。

4. 根毛区
又称为成熟区。位于伸长区的后方，此区细胞的伸长已基本停止，并已分化成各种成熟组织，表面密生根毛。此区的中央部分可见到已分化成熟的环纹、螺纹导管和筛管，这是根的初生结构形成的区域（图5-1）。

二、双子叶植物根的初生结构

取蚕豆或毛茛幼根横切片，于显微镜下低倍观察，了解根横切面的整个结构。由外向内区分表皮、皮层、维管柱三大部份，注意各部所占的比例，然后转换高倍镜，依次观察下列各部。

（一）表皮层

位于根的最外层，为一层细胞组成，细胞排列紧密，常呈扁平状，可见表皮上有向外突起的根毛。注意观察表皮有无气孔及角质层。

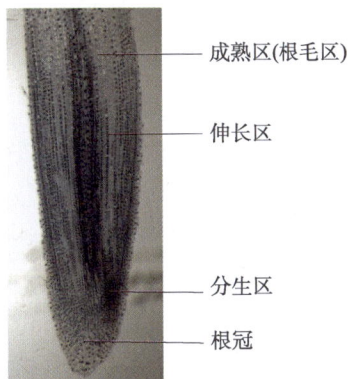

图5-1　洋葱根尖纵切片

（二）皮层

位于表皮之内，维管柱之外，占幼根横切面的绝大部分，由多层排列疏松的薄壁细胞组成。可进一步分为外皮层（1～2层细胞）、中皮层（多层细胞）、内皮层（1层细胞）三部分。内皮层细胞排列整齐，细胞壁凯氏带加厚。故在横切面上可以看到被染成红色的凯氏带或凯氏点（图5-2）。

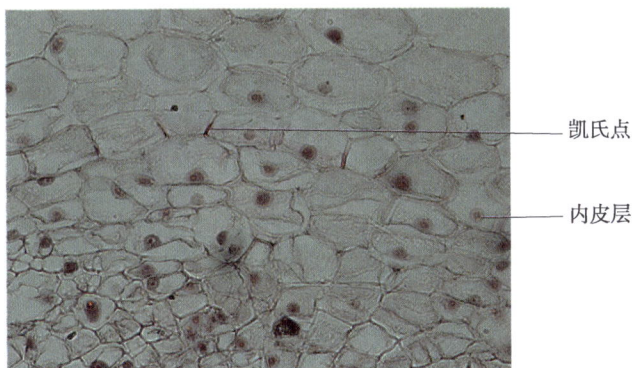

图5-2　蚕豆幼根显微图（示凯氏点）

（三）维管柱（中柱）

在内皮层以内的中轴部分，包括下列各部分。

1. 维管柱鞘（中柱鞘）
紧靠内皮层的一层或几层薄壁细胞，细胞排列紧密。

2. 初生木质部
在维管鞘以内成辐射状排列，主要由导管组成，在切片上被番红染成红色。蚕豆根的初生木质部为4束，靠近维管柱鞘的导管最先发育，口径小，是一些螺纹或环纹导管，叫原生木质部；分布在近根中心位置的导管，口径大，分化较晚，为后生木质部，其导管着色往往较浅。这种分化顺序称为外始式。

3. 初生韧皮部
与初生木质部相间排列。细胞较小，壁较薄，多角形，但筛管与伴胞不易区分，在韧皮部外侧还可见成群的厚壁细胞，即韧皮纤维。

61

4. 薄壁细胞

在初生木质部与初生韧皮部之间，有薄壁细胞，这些细胞具有潜在的分生能力。

在蚕豆幼根的最中心部分，是一群未分化成导管的薄壁细胞。在大多数双子叶植物根中，导管由于外始式向心分化的结果，使整个根中心为导管所占据，没有髓部。见图 5－3 及图 5－4。

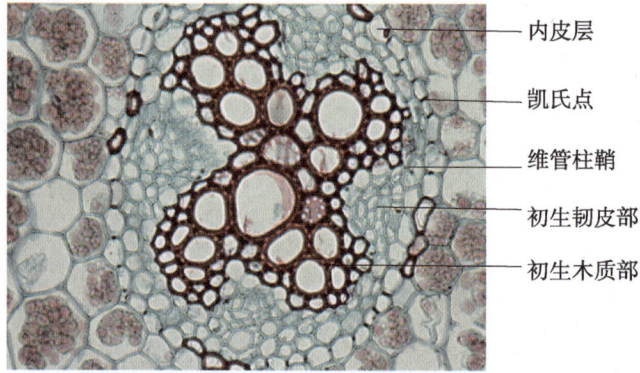

图 5－3　毛茛根的初生结构部分放大（示维管柱）

内皮层
凯氏点
维管柱鞘
初生韧皮部
初生木质部

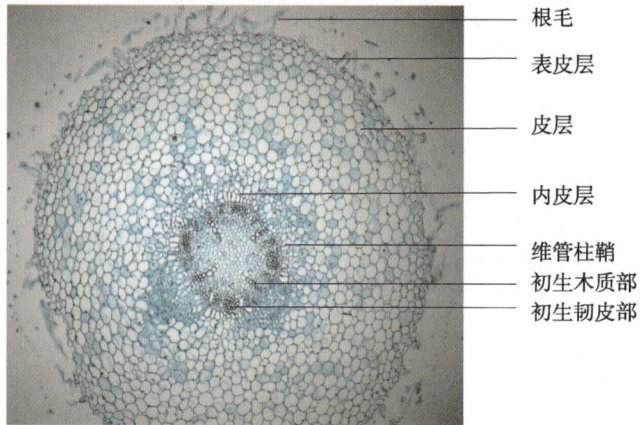

A

根毛
表皮层
皮层
内皮层
维管柱鞘
初生木质部
初生韧皮部

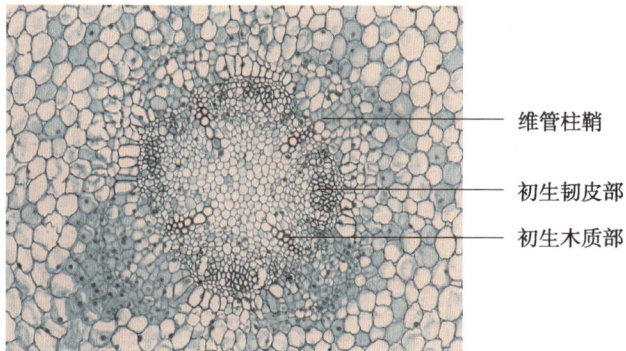

B

维管柱鞘
初生韧皮部
初生木质部

图 5－4　蚕豆幼根横切面（示初生结构）
A. 横切面显微图　B. 维管柱放大显微图

三、单子叶植物根的构造

单子叶植物根不具有形成层及木栓形成层，故无次生构造，终生只具有初生构造。

观察百部根横切片，注意与双子叶植物的区别，自外向内依次如下。

（一）根被

位于最外层，由 3~4 层略呈多角形的细胞构成，细胞壁上具致密的细条纹状加厚纹理。

（二）皮层

位于根被之内，由多层薄壁细胞组成，其中最外一层细胞为排列紧密整齐的外皮层；最内一层细胞较小，呈扁长形，具有凯氏带及凯氏点，称为内皮层；内、外皮层之间的多层细胞为中皮层，中皮层细胞较大。

（三）维管柱

位于皮层之内。由外向内依次如下。

（1）维管柱鞘：靠近内皮层的 1~2 层薄壁细胞，排列紧密，细胞较小。

（2）初生木质部：外始式，初生木质部束的数目较多，注意观察其数量。

（3）初生韧皮部：与初生木质部相间排列，组成辐射型的维管束。

（4）薄壁细胞：存在于初生木质部与初生韧皮部之间，细胞较大。

（5）髓部：维管柱的中央具有发达的髓部，髓部由许多较大的薄壁细胞组成（图 5-5）。

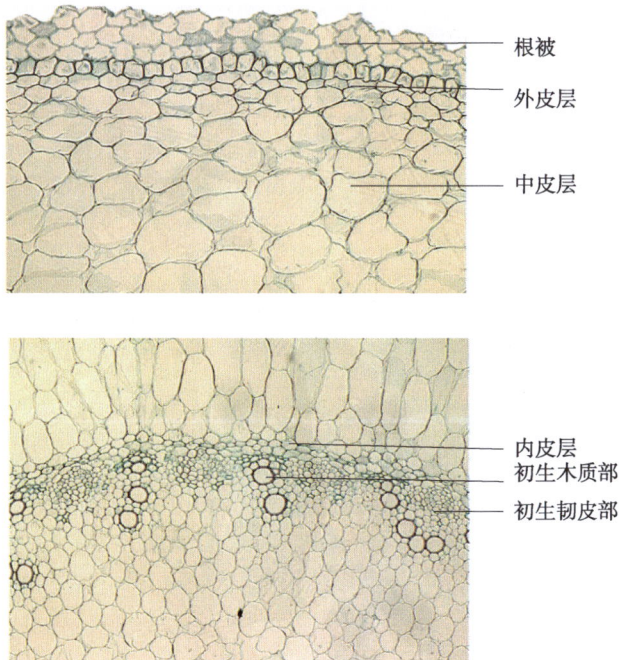

图 5-5 百部根横切面示初生结构（部分）

四、侧根的形成

观察蚕豆侧根的形成片，注意侧根发生的位置。正对着初生木质部的维管柱鞘细胞恢复分裂能力，通过不断的细胞分裂，向外生长，最后突破表皮，形成侧根。侧根与主根的维管束相连（图5-6）。

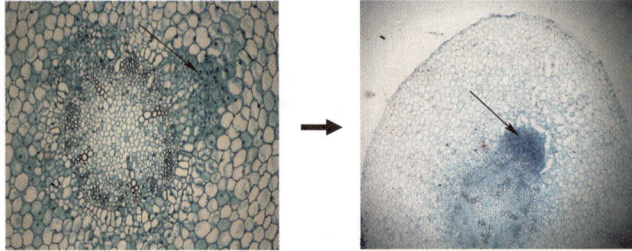

图5-6　侧根的形成

【实验指导】

一、实验作业

1. 绘蚕豆幼根（或毛茛根）的初生构造详图。（横切面的1/4）
2. 绘蚕豆幼根（或毛茛根）的初生构造简图。
3. 绘百部根的构造简图。

二、思考题

1. 形成层是怎样形成的？
2. 试比较单子叶植物根与双子叶植物根的初生构造的异同？
3. 试述侧根的形成过程。

Experiment 7　Primary Structure of Root

【The Aim and Demand】

1. Grasp zoning of root tip and its internal structure.
2 Grasp the primary structure of the dicotyledon.
3. Command theprimary structure of the monocotyledon.
4. Know theformation of lateral root.

【Experiment Material】

Paraffin wax slice：Root tip of *Allium cepa*, radical of *Vicia faba*, root of *Ranunculus japonicas*, root of *Stemona sessilifolia*.

【Instrument and drugs】

Microcsope, lens wiping paper.

【Experiment Methods】

1. Zoning of root tip and its internal structure

Examine the longitudinal section of the root tip of *Allium cepa* or *Zea mays* mounted in balsam under the microscope; note the structural characters of each zone as follows:

(1) Root cap: At top of the root tip, slightly triangular formed, root cap is composed of many loosely arrayed, thin-walled cells, and some cells scatter around, which are the ones fall apart from the surface of the root cap.

(2) Division zone: Locating within the root cap, only 1mm ~ 2 mm long, the division zone also called growing point, the characters of which are as such: The cells smaller, the nucleus larger, the cytoplasm denser, and possess the ability of meristem.

(3) Elongation zone: Behind the division zone, 2mm ~ 5mm long, the elongation zone is divided from the cells of the former. Long axially, cells in this zone spread out rapidly; in the meanwhile differentiate to different tissues and transit to maturation zone, and vacuoles are apparent in cells.

(4) Root hair zone: Also called maturation zone. Lying behind the elongation zone, cells in this zone have stopping spreading out basically and differentiated to various mature tissues, which bearing dense root hair on the surface. In the center of this zone, there can be seen matured annulation, spiral vessels and sieve tubes, and that is the forming region of the primary structure.

2. Primary structure of dicotyledonous root

Observe the transverse section of radical of *Vicia faba* or *Ranunculus japoniicus* mounted in balsam under the low power, note from the external to internal (while examining the proportions of each part), it is composed of three parts: epidermis, cortex and vascular cylinder, and then change to the high power, notice the following characters in turn.

(1) Epidermis: Locating at the extreme layer, the epidermis consisted of one layer of flat cells arrayed densely usually, with root hair bulging outwards. Note if or not are there any stomata and cuticles?

(2) Cortex: External to the vascular cylinder but within the epidermis, the cortex occupies a much larger proportion of the transverse section, composed of multilayer of thinned-wall cells arranged loosely, that can be divided into three parts:

exodermis (1 layer ~ 2 layers of cells), middermis (multilayer of cells) and endo-dermis (1 layer of cells). Cells of endodermis arrange regularly, whose cells wall thicken called as Casparian strip, so that dyed red Casparian strip or Casparian dots could be seen on transverse section.

(3) Vascular cylinder: Internal to the endodermis, the cylinder composed of the following parts:

①Pericycle: Close to the endodermis, the pericycle constituted of one or more layer (s) of cells, thin-walled, and ranked tightly.

②Primary xylem: Inside to the pericycle, radicalized formed, consisted mainly of conducts and stained red when added safranine.

Note the primary xylem in the radical of *Vicia faba*, composed of four tracts, and those near the vascular cylinder develop firstly, smaller calibers, threaded or hor-izontal lined vessels called the protoxylem.

Distributing near the center of the root, developlately; usually stained lightly, the conducts have larger calibers, called the metaxylem. The above sequence of dif-ferentiation called exarch.

③Primary phloem: Alternate with the primary xylem, cells in this site are smaller, thin-walled, multiangular, and it is difficult to distinguish the sieve tubes from the companion cells. Found externally, thick-walled cells cluster, called phloem fibers.

④Thin-walled cell: Between the primary xylem and the primary phloem, there are some layers of thin-walled cells, which bear the potential ability to generating.

In the final center of the radical of *Vicia faba*, there are clusters of thin-walled cells, which are undifferentiated vessels. In majority of dicotyledon roots, vessels dif-ferentiate centripetally in the manner of exarch, as a result, they occupy the whole center of roots, which do not have pith.

3. Structure of monocotyledonous root

The monocotyledonous roots possess no cambium and cork cambium, thereby none secondary but primary structure in lifetime.

Examine the mount of the transverse section of root of *Stemona sessilifolia* mi-croscopically, and notice the distinguishing structural features differ from those of the dicotyledonous root, from external to internal:

(1) Velamen: The outmost layer, composed of 3 layers ~ 4 layers of cells, slightly multiangular, walls suberized and lignified with dense and fine striations.

(2) Cortex: Within the velamen, consisted of multi-layers of thin-walled cells, can be divided into three parts: exodermis made up of the outmost layer of cells which array densely and regularly; endodermis composed of the benmost layer

of cells which are smaller, flat and elongated, taking on the casparian strip and casparian spot; interdermis are the larger, multi-layers of cells between the exodermis and the endodermis.

（3） Vascular cylinder：Within the cortex, is the vascular cylinder, which consisted of the following five parts outside-in. :

①Pericycle：Consisted of 1 layer ~ 2 layers of small and thin-walled cells, arranged tightly, founded near the endodermis.

②Primary xylem：Exarch, has large numbers of bundles, keep number of bundles under observation.

③Primary phloem：Alternating arranged with primary xylem, composes radial bundle.

④Parenchyma cell：Existing between primary xylem and primary phloem, the parenchyma cells are larger.

⑤Pith：The well developed center of vascular cylinder is pith, which composed of numerous larger thin-walled cells.

4. Formation of lateral root

Observe prarffin wax slice ofradical of *Vicia faba*, notice where the lateral root produces. Pericycle cell right against primary xylem recovers capability of splitting, and through continuous splitting it outgrows, finally it breaks through epidermis and forms the lateral root. The vascular bundle of laternal root is link together with that of main root.

【Experiment Guides】

1. Laboratory Assignments

（1） Make detaileddrawing of the primary structure of radical of *Vicia faba* (1/4)

（2） Sketch the primary structure of radical of *Vicia faba*.

（3） Sketch the structure of root of *Stemona sessilifolia*.

2. Questions

（1） How to produce the cambium?

（2） Compare the primary structural differences between the monocotyledonous root and the dicotyledonous root.

（3） Dipict the froming process of the laternal root.

实验八　根的次生结构及根的异常结构

【实验目的】
1. 掌握双子叶植物根的次生结构。
2. 掌握根的异常结构。

【实验材料】

石蜡切片：野决明根、蚕豆老根、何首乌块根、怀牛膝根。

【实验器材、药品】

显微镜、擦镜纸。

【实验方法】

一、双子叶植物根的次生结构

取蚕豆老根或野决明老根横切片于显微镜低倍镜下观察，注意它与初生结构有何不同？注意区分出周皮、次生维管组织、初生木质部。转高倍镜下，仔细观察各部的细胞特征。

（一）周皮

为最外方的数层细胞，由木栓层、木栓形成层和栓内层构成。

1. 木栓层

由数层扁长方形的厚壁细胞组成，且径向排列整齐，无原生质的死细胞，常被染成棕红色。

2. 木栓形成层

在木栓层内方，染色较浅的一层薄壁活细胞，内有原生质，即为木栓形成层。它是维管柱鞘细胞或内皮层细胞等恢复分裂能力形成的。

3. 栓内层

木栓形成层以内数层较大的薄壁细胞，属于基本组织。

初生韧皮部已被挤压成颓废组织，分辨不清（图5-7）。

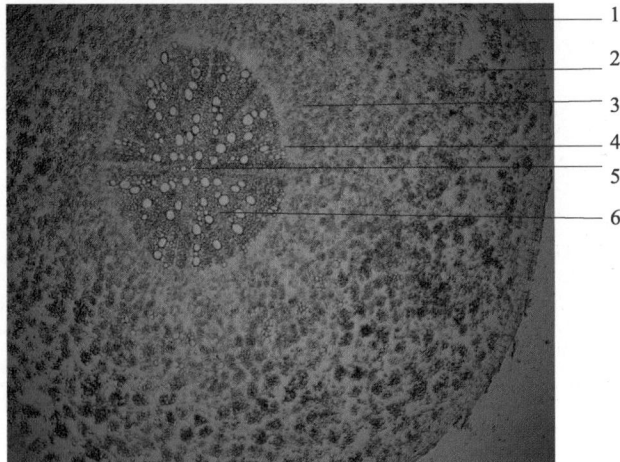

图5-7 野决明根横切面（示次生结构）

1. 木栓层　2. 皮层　3. 次生韧皮部　4. 形成层　5. 初生木质部　6. 次生木质部

（二）次生维管组织

次生维管组织是形成层活动产生的，包括：

1. 次生韧皮部

在形成层的外侧，常被亮绿染成绿色，其中较大形者为筛管，筛管旁有一三角形或多角的较小细胞，且细胞质浓厚，即为伴胞，韧皮部还夹杂有壁加厚的韧皮纤维及薄壁的韧皮薄壁细胞。次生韧皮部之间有倒三角状的韧皮射线相间，韧皮射线由细胞较大的薄壁细胞组成，与木射线一起共同构成次生射线。

2. 形成层

位于次生韧皮部的内方，1~2 层细胞组成，其细胞切线性延长，扁平，排列紧密而整齐，具有细胞分裂能力。

3. 次生木质部

位于形成层的内方，在横切面上占主要部分，被番红染成红色，包括导管、木纤维和木薄壁细胞，注意这三种细胞的不同。次生木质部中间有许多由薄壁细胞组成的木射线，这些射线细胞径向延长，由 1 至多列细胞组成。

4. 初生木质部

在次生木质部之内，初生木质部仍保留在根的中心，仍可看到其成束存在。见图 5 -8 及图 5 -9。

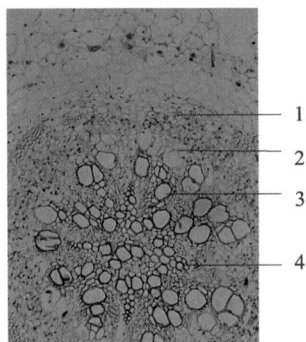

图 5 -8　蚕豆老根横切面
（示维管柱）

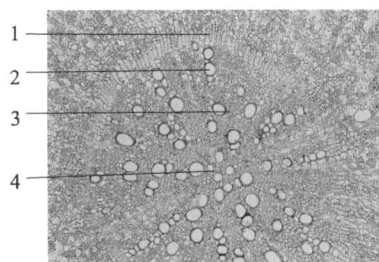

图 5 -9　野决明根横切面（示维管柱）
1. 次生韧皮部　2. 形成层
3. 次生木质部　4. 初生木质部

二、根的异常构造

有些双子叶植物的根，除了有正常的次生结构以外，还可以产生特有的维管束，称为异型维管束，形成了根的异常构造。

（一）何首乌块根

取何首乌块根断面切片，可见中央有较大的正常的维管束，为无限外韧型的。除此之外，在皮部可以看到许多异心的维管束，这些维管束是异常结构，均为外韧型的。

（二）怀牛膝根

取怀牛膝根的切片观察，根中央为正常的维管束，初生木质部常为二原型的。其外方分布有多数异型维管束，这些维管束是无限外韧的，且几乎连成环，每一环之间有大量的薄壁细胞相间。

【实验指导】

一、实验作业

1. 绘野决明根或蚕豆老根的次生构造简图。
2. 绘何首乌根的结构简图。

二、思考题

1. 比较双子叶植物根的初生结构与次生结构。

2. 何为根的异常结构？举例说明。

Experiment 8　Secondary and Unusual Structure of Root

【The Aim and Demand】

1. Grasp the secondary structure of the dicotyledon.

2. Grasp unusual structure of root.

【Experiment Material】

Paraffin wax slice：Root of *Thermopsis chinensis*, old root of *Vicia faba*, root tuber of *Polygonum multiflorum*, root of *Achyranthes bidentate*.

【Instrument and drugs】

Microcsope, lens wiping paper.

【Experiment Methods】

1. Secondary structure of dicotyledon

Examine the transverse section of old root of *Vicia faba* under the low power, notice the differences from primary structure and identify periderm, secondary vascular bundle and primary xylem respectively. Observe the cellular characters of each part carefully under the high power.

（1）Periderm：Outmostly, a few layers of cells, composed of cork, cork cambium and phelloderm.

①Cork：Consisted of a few layers of flat rectangular thick-walled cells, rank radially and regularly, which are dead ones taking on no protoplasm often stained redbrown.

②Cork cambium：Internal to the cork, light dyed, one layer of thin-walled live cells bearing no protoplasm, which are formed by cells of the pericycle and the endodermis ect. Recovering their capacity of division.

③Phelloderm：Inside to the cork cambium, a few layers of larger, thin-walled cells, which belong to ground tissue.

The primary phloem has been squashedinto decadent organization, which cannot be identified.

（2）Secondary fibrovascular tissue： Given rise to activity of cambium, the secondary fibrovascular tissue is consisted as followings：

①Secondary phloem： Outside of cambium, dyed green by brilliant green, is secondary phloem, of which the biggish are the sieve tubes. And to the side of the sieve tubes, there are companion cells presented as triangular or multiangular, smaller cells with dense cytoplasm. Also, found thickened wall phloem fibers and thin-walled phloem cells.

Between the secondary phloems found inversed triangular phloem ray, constituted of larger thin-walled cells, which combine with xylem ray to form the secondary ray.

②Cambium： Internal to the secondary phloem, composed of 1 layer ~ 2 layers of cells, which elongate tangentially, flat, arrange densely and regularly, bear the ability to divide.

③Secondary xylem： Inside to the cambium, occupy the main part in the transverse section, dyed red by safranine, which include vessels, wood fibers and wood thin – walled cells. Among the secondary xylem, there found xylem ray made up of plenty of thin – walled cells, which prolong radially, and composed by one to multiple rows cells.

④Primary xylem： Internal to the secondary xylem, reserve in the center of root, occur fascicularly.

2. Anomalous structure of root

Some of the dicotyledonous roots, produce several characteristic of vascular bundles, called abnormal vascular bundles, coming into being the anomalous structure of root, besides of normal secondary structure.

（1） Root tuber of *Polygonum multiflorum* Examine the section of root tuber of *Polygonum multiflorum* microscopically, note the open collateral bundle is larger, normal vascular bundle. Besides, lots of heterocentric vascular bundles found in cortex, which are collateral anomalous structures.

（2） Root of *Achyranthes bidentate* Observed the section of root of *Achyranthes bidentate* under the microscope, notice in the center there exist normal vascular bundles, and the primary xylem usually is diarch, to the external of which, found numerous abnormal vascular bundles. Those bundles are open collateral bundles, almost forming into rings, and there are lots of thin-walled cells between each ring.

［Experiment Guides］

1. Laboratory Assignments

（1） Sketch the secondary structure of old root of *Vicia faba* or root of *Thermop-*

sis chinensis .

（2）Sketch the structure of root of *Polygonum multiflorum*.

2. Questions

（1）Compare the structural differences between the monocotyledonous root and the dicotyledonous root.

（2）What is the unusual structure of root? Explain it with example.

实验九　茎的初生结构

【实验目的】
1. 掌握双子叶植物茎的初生构造。
2. 掌握单子叶植物茎的内部构造。

【实验材料】
石蜡切片：桃幼茎、薄荷茎、玉米茎、石斛茎。

【实验器材、药品】
显微镜，擦镜纸。

【实验方法】

一、双子叶植物茎的初生构造

取桃或梨茎尖的成熟区做徒手切片或用薄荷茎永久切片，置显微镜下观察，从外至内，依次可以看到如下构造。

（1）表皮层　位于最外层的一层扁平细胞，排列紧密，但有气孔存在，外壁常角质化，甚至形成角质层，有表皮毛。

（2）皮层　位于表皮层的内侧，由多层细胞组成，靠近表皮的皮层细胞常形成厚角组织（薄荷茎的四个角处），用以增加幼茎的机械支持作用。薄壁细胞较大，具细胞间隙，靠近表皮的几层细胞常含叶绿体。桃幼茎皮层的最内一层细胞含淀粉粒，这层细胞称为淀粉鞘，但在大多数植物中无淀粉鞘。

（3）维管柱　位于皮层之内。由多个无限外韧的维管束构成的（薄荷茎的四角处较大）。这些维管束排列成环状，束与束之间由髓射线分开。束中形成层明显。在高倍镜下仔细观察维管束各组成部分的细胞特点。

（4）髓与髓射线　位于茎的中心，由许多较大的薄壁细胞组成的部份为髓，髓部十分明显。由髓部放射地排列着多束薄壁细胞组成的髓射线，这些髓射线直通皮层。髓射线细胞起横向运输的作用（图 5 – 10）。

二、单子植物茎的构造

取玉米茎或石斛茎横切片，于显微镜下观察，由外向内依次可见如下构造。

（1）表皮层　位于最外侧，一层细胞组成，细胞排列紧密，无细胞间隙，具角质层。

（2）基本组织　位于表皮层的内方，填充于茎的整个断面，是由许多大型的薄壁细胞构成。无皮层与维管柱的分界。

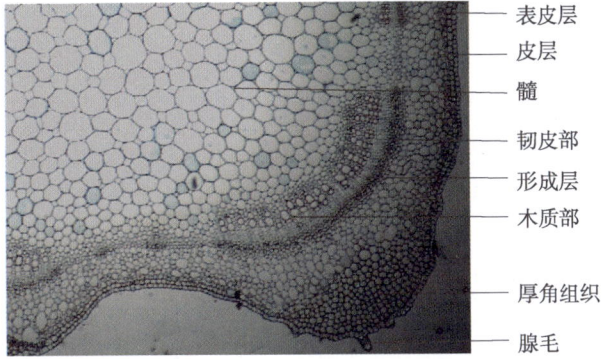

图 5-10 薄荷茎横切面（部分）

（3）维管束 维管束散生在基本组织中，数量较多。有限外韧的维管束，在每个维管束的周围有排列紧密的厚壁细胞（纤维），称之为维管束鞘，在其内为木质部和韧皮部。仔细观察木质部与韧皮部组成细胞的特点（图 5-11，图 5-12）。

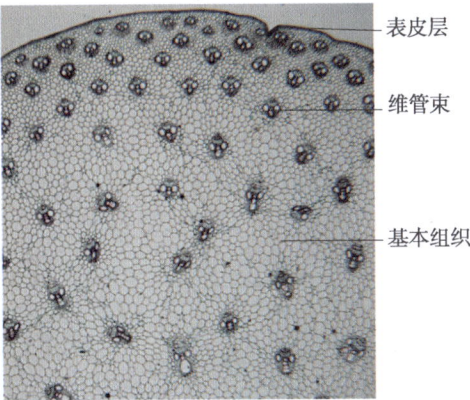

图 5-11 玉米茎横切面结构图（部分）

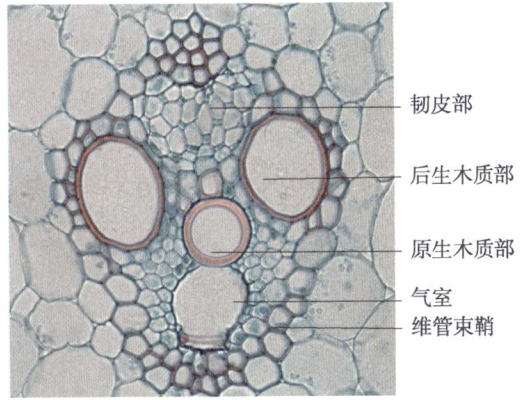

图 5-12 玉米茎中的一个维管束的放大

【实验指导】

一、实验作业

1. 绘出薄荷茎的结构详图（1/4）及结构简图。

2. 绘出玉米茎的结构简图，及一个维管束的结构详图。

二、思考题

单子叶植物与双子叶植物茎的初生结构有何区别？

Experiment 9　Primary Structure of Stem

【The Aim and Demand】

1. Master the primary structure of dicotyledonous stem.

2. Grasp the internal structure of monocotyledonous stem.

【Experiment Material】

Paraffin wax slice: Caulicle of *Amygdalus persica*, stem of *Mentha canadaensis*, stem of *Zea mays*, stem of *Dendrobium nobile*.

【Instrument and drugs】

Microcsope, lens wiping paper.

【Experiment Methods】

1. The primary structure of dicotyledonous stem

The plant material to be observed microscopically: Cut the maturation zone of caulicle apex of *Amygdalus persica* or *Pyrus sp.* of into slices with a razor blade to make into a temporary mount (or using permanent mount) and note the following characters inwards:

(1) Cuticular layer: Possess epidermal hair and composed of the extreme layer of flat cells, which array densely, with stomata, wall keratinized or even form cuticle.

(2) Cortex: External to the cuticular layer, constituted with multi- layer of cells. Cells near epidermis often form into collenchyma (near the four corners of stem of *Mentha canadaensis*), which increase the mechanical support of cauclicle. Larger thin-walled cells, with cellular interspaces, the ones near epidermis usually contain chloroplasts. In the cortex of caulicle of *Amygdalus persica*, cells in the innermost layer called starch sheath, contain starch grain, but in some other plants starch sheath absent.

(3) Vascular cylinder: Within the cortex, composed of many open collateral bundle, which arrange annularly (near the four corners of stem of *Mentha canadaensis* become larger), set apart between them by pith ray, with apparent fascicular cambium. Observe carefully under the high power the cellular characters of each component forming into vascular cylinder.

(4) Pith and pith ray: In the center, pith is distinct, which is the part composed of numerous bigger thin – walled cells. Radially arrange, consisted of numerous bundles of thin – walled cells, pith ray emit through the pith and reach the cortex. Cells of pith ray are functioned as transverse transportation.

2. Structure of monocotyledonous stem

Mount and observe the cross section of the stem of *Zea mays* or stem of *Dendrobium nobile* under the microscope, and notice the following characters inwards:

(1) Cuticular layer: The outmost layer composed of one layer of cells, which

arrange tightly with no intercellular space, covered with cuticula.

(2) Ground tissue: Internal to cuticular layer, fill in the whole cross section of stem, constituted by a lot of large-scale thin-walled cells. There is no demarcation between cortex and stele.

(3) Vascular bundle: Large amount of vascular bundle disperses in ground tissue, which is closed collateral bundle. Around each bundle, found a circuit of dense thick-walled cells (fibers), called vascular bundle sheath, and to its inside, found xylem and phloem. Observe the characters of constitutive cells of xylem and phloem carefully.

【Experiment Guides】

1. Laboratory Assignments

(1) Make detailed structural drawing (1/4) and sketch of stem of *Mentha canadaensis*.

(2) Sketch structure of stem of *Zea mays* and draw detailed structure of vascular bundle.

2. Quesions

What are the differences betweenprimary structure of monocotyledonous stem and that of dicotyledonous stem?

实验十　茎的次生结构、茎的异常结构及地下茎的结构

【实验目的】
1. 掌握双子叶植物茎的次生构造。
2. 了解双子叶植物茎的异常构造。
3. 了解双子叶植物及单子叶植物地下茎的构造。

【实验材料】
石蜡切片：桂枝、椴树茎、大黄根茎、黄连根茎、石菖蒲根茎。

【实验器材、药品】
显微镜，擦镜纸。

【实验方法】

一、双子叶植物木质茎的次生构造

取桂枝或椴树横切片，于显微镜下观察（图5-13）。从外向内依次可见如下构造。

（一）表皮层

由一层排列紧密的细胞组成，表皮层的外侧可见角质层，在较老材料的切片中表皮层已局部脱落或完全脱落。

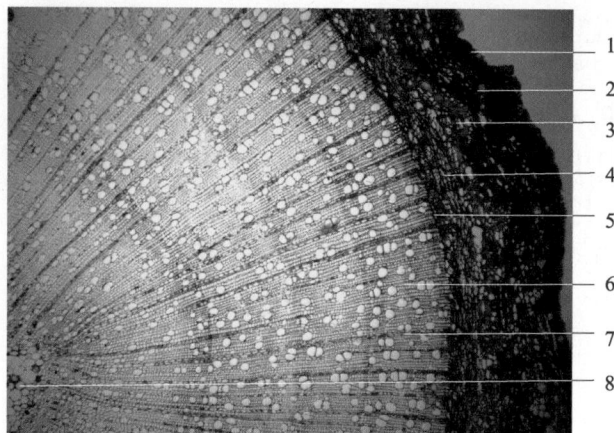

图 5 – 13　桂枝横切面（部分）
1. 周皮　2. 皮层　3. 机械组织环带　4. 次生韧皮部
5. 形成层　6. 次生木质部　7. 次生射线　8. 髓部

（二）周皮

周皮是取代表皮起保护作用的次生保护组织，有些较老材料的片子，周皮完整，而有些较嫩的片子则周皮断断续续，中间与表皮层相间。周皮由木栓层、木栓形成层、栓内层组成。

（三）皮层

即初生皮层，位于栓内层之内，由多层薄壁细胞组成，桂枝片中，皮层细胞中存在着由石细胞群与纤维束相间连接成的环带。

（四）维管束

位于皮层之内，为无限外韧的维管束，成环排列。次生韧皮部紧靠皮层，位于形成层的外侧，细胞较小，能观察到韧皮纤维，次生韧皮部所占比例较小。初生韧皮部应位于次生韧皮部的外方，但常常被挤压成颓废组织，不易辨认。形成层细胞扁平，排列紧密，位于次生韧皮部的内方。次生木质部位于形成层内侧，占较大比例，常被染成红色，可见口径较大的导管细胞分布其中。次生木质中可见年轮，仔细观察年轮有何特点？初生木质部位于次生木质部的内方，也不易辨认。在次生木质部中，由许多由 1 列 ~ 2 列薄壁细胞组成的横向（径向）排列的维管射线，这些射线在到达次生韧皮部时变宽而形成喇叭形。

（五）髓部与髓射线

髓部位于茎的中心，较明显，由薄壁细胞组成，较初生结构中的髓部要小得多。髓射线是薄壁细胞组成，径向排列，由髓贯穿至皮层。[图 5 – 14（a）及图 5 – 14（b）]。

二、木材三切面

为了充分了解木质茎的次生结构，需要掌握木材的横切面、径向纵切面、切向纵切面三个切面的特征（图 5 – 15）。

取松木的三切面观察，注意导管、射线在三个切面上的特征。

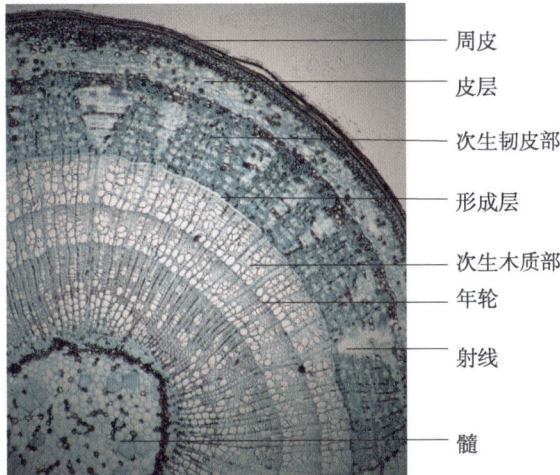

周皮
皮层
次生韧皮部
形成层
次生木质部
年轮
射线
髓

图 5 – 14 （a）　三年生椴树茎的横切面（部分）

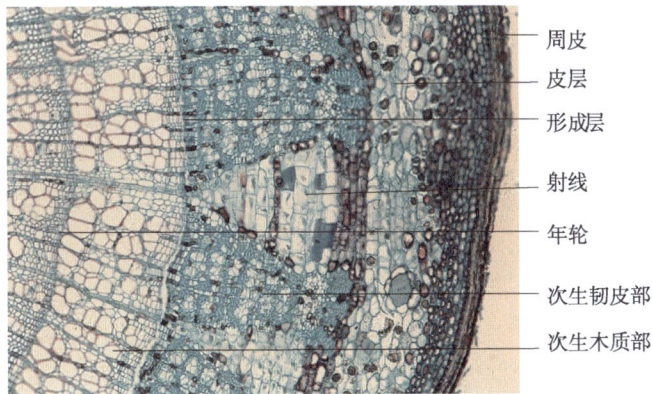

周皮
皮层
形成层
射线
年轮
次生韧皮部
次生木质部

图 5 – 14 （b）　三年生椴树茎的横切面部分放大

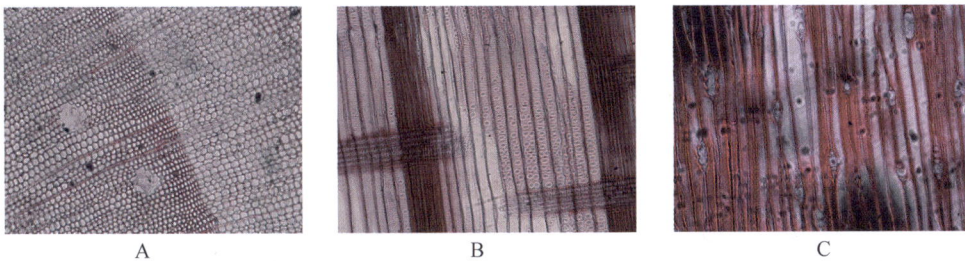

A　　　　　　　　B　　　　　　　　C

图 5 – 15　松的木材三切面
A. 横切面　B. 径向纵切面　C. 切向纵切面

三、地下茎（根茎）的构造

（一）双子叶植物根茎的构造

取黄连根茎横切片，置显微镜下观察，从外向内依次可见如下构造。

（1）木栓层：位于最外侧，由多层排列整齐、厚壁的细胞组成，常被染成棕红色。

（2）皮层：位于木栓层之内的多层薄壁细胞，在皮层细胞中有厚壁组织，皮层中还可见根迹维管束和叶迹维管束。

（3）维管束：位于皮层之内，成环状排列，是无限外韧的维管束。

（4）髓部：中央髓部明显（图5-16）。

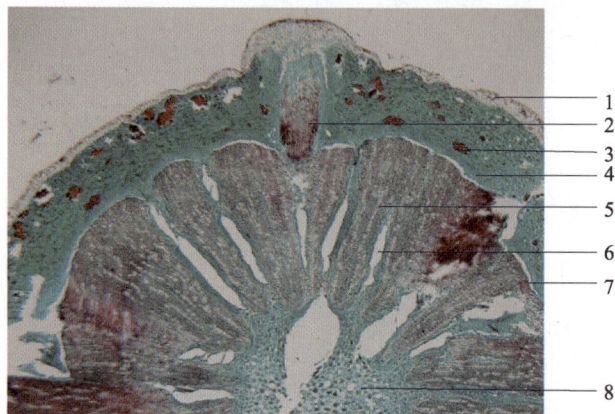

图5-16　黄连根茎横切面部分

1. 木栓层　2. 根迹　3. 石细胞群　4. 韧皮部　5. 木质部　6. 射线　7. 形成层　8. 髓

（二）单子叶植物根茎的构造

取石菖蒲根茎的横切片，置显微镜下观察，从外向内可见如下构造。

（1）表皮层：位于最外侧，由一层排列紧密的细胞组成。

（2）皮层：位于表皮之内的多层薄壁细胞，皮层常占较大部分，可见叶迹维管束，内皮层明显。

（3）维管束：位于内皮层之内，由多数周木维管束构成（图5-17）。

（4）髓：位于中心，髓部明显，由薄壁细胞组成。

四、茎的异常构造

取大黄根茎的横切片观察，可见在髓部呈星点状的异常维管束。每一个异常维管束都是周木型的。仔细观察其结构（图5-18）。

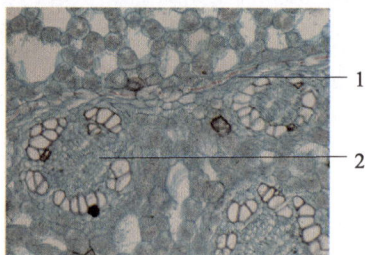

图5-17　石菖蒲根茎横切面（部分）
1. 凯氏带　2. 周木维管束

图5-18　大黄的异常维管束（星点）

【实验指导】

一、实验作业

1. 绘出桂枝或椴树茎的结构简图。

2. 绘黄连根茎的结构简图。

3. 绘大黄星点的结构简图。

4. 绘石菖蒲根茎的结构简图。

二、思考题

1. 双子叶植物根与茎的次生结构造有何异同?

2. 如何区分木材的三切面?

Experiment 10　Secondary and Unusual Structure of Stem Structure of Subterraneous Stem

【The Aim and Demand】

1. Master the secondary structure of dicotyledonous stem.

2. Know the unusual structure of dicotyledonous stem.

3. Know the structure of dicotyledonous and monocotyledonous rhizome.

【Experiment Material】

Paraffin wax slice：Stem of *Cinnamomum cassia*, stem of *Tilia miqueliana*, rhizoma of *Rheum officinale*, rhizoma of *Coptis chinensis*, rhizoma of *Acorus tatarinowii*.

【Instruments and drugs】

Microcsope, lens wiping paper.

【Experiment Methods】

1. Secondary structure of dicotyledonous xyloid stem

Observed transverse section of *Cinna omum cassia* microscopically and inwards：

（1）Cuticular layer：Composed of one layer of densely ranging cells, found cuticle in the outside, and cuticular layer fall of partially or even completely in some older plant materials.

（2）Periderm：Secondary protective tissue which is the replacement of epidermis, in some older plant material, periderm is complete, but in tender one off and on and alternating with cuticular layer. Periderm consisted of cork, cork cambium and phelloderm.

（3）Cortex：Also called primary cortex, found inside of phelloderm, composed of multi-layer of thin-walled cells. Between cortex cells of transverse section of

Cinnamomum cassia, there exist a ring formed by cluster of stone cells connecting with fasciculi alternatively.

（4）Vascular bundle：Found inside of cortex, which is open collateral bundle, arranged in cycle. Abutting on cortex, secondary phloem occupy less proportion of vascular bundle, with smaller cells, and there can be seen phloem fiber. Although primary phloem supposed to be lying to the external of secondary phloem, it is usually squeezed into decadent tissue and difficult to be distinguished. To the inside of secondary phloem, flat cambium cells rank compactly and tightly. Occupying larger proportion of vascular bundle, secondary xylem often stained red and located inside of cambium, and vessel cells with larger caliber distribute in it, annual ring can also be found. Note carefully the characters of annual ring. Internal to secondary xylem, primary xylem is very difficult to be identified. Within secondary xylem, arrange transversely (radially), composed of 1 line – 2 lines parenchymatous cells, numerous vascular ray broaden gradually to become flared when reaching secondary phloem.

（5）Pith and pith ray：Locating in the center of stem, pith is comparatively distinct, composed of thin-walled cells, and very smaller compared to that in primary structure. Array radially, consisted of thin- walled cells, pith ray penetrate through pith to cortex.

2. Threesections of wood

In order to fully understand the primarystructure of woody stem, we need to grasp the characters of three sections (transverse section, radial section and tangential section) of wood

Take three sectional slice of *Pinus sp.* and observe microscopically, notice the features of vessel and ray on three sections respectively.

3. Structure of rhizoma（underground stem）

（1）Structure of dicotyledonous rhizoma（underground stem）：

Examine the cross section of rhizoma of *Coptis chinensis* microscopically and inwards：

①Cork：Locating outmost, composed of multi-layer of cells, wall thickened, line regularly, and often dyed red brown.

②Cortex：Lying internal to cork, cortex composed of mutli-layer of thick-walled cells, and cortex cells possess sclerenchyma, and there can be seen root trace vascular bundle and folial trace vascular bundle in cortex.

③Vascular bundle：Lie within cortex, and arrange annularly, which is open collateral bundle.

④Pith：In the center, pith is apparent.

（2）Structure of monocotyledonous rhizoma

Examine the cross section ofrhizoma of *Acorus tatarinowii* microscopically and inwards：

①Cuticular layer：Lies in the outmost side, consisted of one layer of cells, which arrange compactly and tightly.

②Cortex：Holding larger proportion, cortex composed of multi-layer of thin-walled cells to the inside of cuticular layer, and there can be seen folial trace vascular bundle with distinct endodermis.

③Vascular bundle：Locate internal to endodermis, consisted of numerous amphivasal bundles.

④Pith：In the center, it is apparent, composed by thin-walled cells.

4. Anomalousstructure of stem

Take slice ofrhizoma of *Rheum officinale* and observe microscopically, found that anomalous vascular bundle distuibuted in star-point in pith. Each vascular bundle is amphivasal bundle. Observe its structure carefully.

【Experiment Guides】

1. Laboratory Assignments

（1）Sketch structural drawing of *Cinnamomum cassia* or stem of *Tilia miqueliana*.

（2）Sketch structural drawing rhizoma of *Coptis chinensis*.

（3）Sketch structural drawing of anomalous vascular bundle rhizoma of *Rheum officinale*.

（4）Sketch structural drawing of rhizoma of *Acorus tatarinowii*.

2. Quesions

（1）Depict similarities and dissimilarities of secondary structure between dicotyledonous root and stem.

（2）How to distinguish among the three sections of wood？

实验十一　叶的结构

【实验目的】

1. 掌握双子叶植物叶的构造特点。

2. 掌握单子叶植物叶的构造特点。

【实验材料】

永久切片：茶叶、淡竹叶（或小麦叶）。

【实验器材、药品】

显微镜，擦镜纸。

【实验方法】

一、双子叶植物叶片的构造

取茶叶的横切片，置显微镜下观察。

（一）表皮

分为上表皮和下表皮，均有一层细胞组成，细胞长方形，是生活的细胞，细胞排列紧密，有气孔存在，尤其在下表皮，气孔分布较多，组成气孔的保卫细胞较一般表皮细胞小。有些植物的表皮上还可以看到各种毛茸。

（二）叶肉组织

位于上、下表皮之间，较大的薄壁细胞。分成两部，紧靠上表皮的 2 层细胞为长柱形，垂直于表皮，细胞排列较紧密、整齐，细胞内含有较多的叶绿体，称为栅栏组织。靠近下表皮的几层细胞，排列疏松，有较大的细胞间隙，细胞呈椭圆形或类圆形，细胞内的叶绿体含量较少，称为海绵组织。在气孔的内方，常具有较大的空隙，称为孔下室。在主脉的上、下叶肉组织常常不分化为栅栏组织和海绵组织。

（三）叶脉

主要观察主脉的结构。主脉位于叶的中间膨大处。由维管束和机械组织构成。维管束是无限外韧的维管束，但形成层活动产生的次生结构有限。木质部位于近轴面，即靠近上表皮的一面，韧皮部位于远轴面，即靠近下表皮的一面，木质部与韧皮部之间有形成层。在叶脉处的表皮下常具厚角组织，尤其在下表皮处。随着叶脉的越分越细，木质部与韧皮部的结构越趋简单（图 5 - 19）。

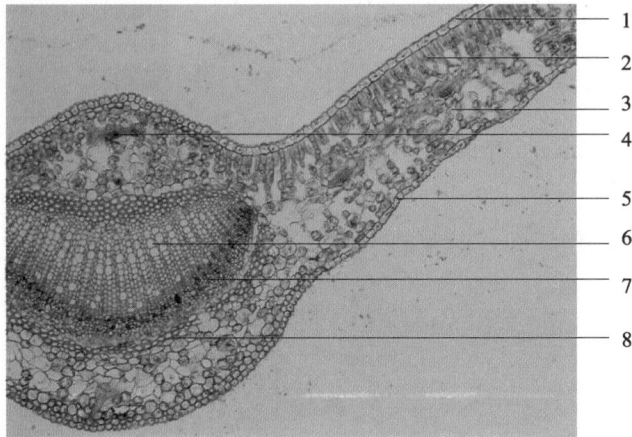

图 5 - 19　茶叶的横切面（部分）

1. 上表皮　2. 栅栏组织　3. 海绵组织　4. 畸型石细胞
5. 下表皮　6. 木质部　7. 韧皮部　8. 机械组织

二、单子植物叶的构造

取淡竹叶（或小麦叶）横切片，置显微镜下观察。

（一）表皮

分为上表皮与下表皮，均由一层细胞组成，排列紧密，细胞外壁角质化，有突起的硅质细胞。在上表皮中可以看到多个大型的薄壁细胞排成扇形，称为泡状细胞或运动细胞。

（二）叶肉组织

淡竹叶中同样分化成栅栏组织与海绵组织。但小麦等一些单子植物不分化成栅栏组织与海绵组织，而为叶肉组织。

（三）叶脉

由机械组织与维管束组成，维管束为有限外韧的维管束，无形成层。维管束的上、下方的表皮以内，通常可见到成群的厚壁细胞。见图 5–20（a）及图 5–20（b）。

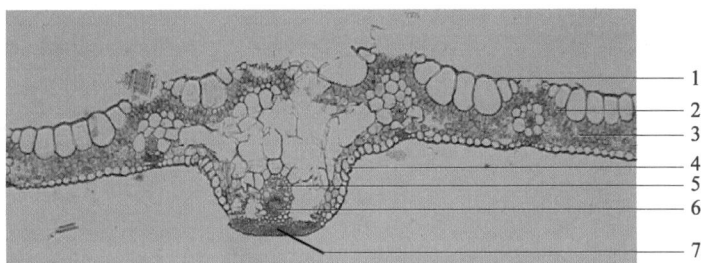

图 5–20（a）　淡竹叶横切面（部分）

1. 运动细胞　2. 栅栏组织　3. 海绵组织　4. 下表皮　5. 木质部　6. 韧皮部　7. 机械组织

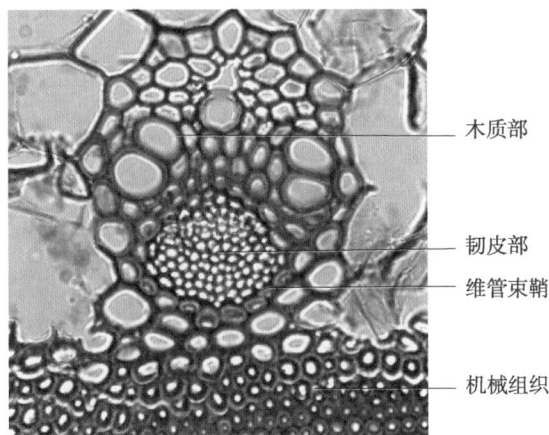

图 5–20（b）　淡竹叶横切面部分放大（示叶脉）

【实验指导】

一、实验作业

1. 绘出茶叶的显微结构详图和结构简图。
2. 绘出淡竹叶的显微结构详图和结构简图。

二、思考题

1. 你在显微镜下如何判断茶叶的上、下表皮？
2. 双子叶植物与单子叶植物叶的显微结构有何异同？

Experiment 11   Structure of Leaf

【The Aim and Demand】

1. Thoroughly understand the structural characteristics of dicotyledonous leaf.

2. Grasp the structural characteristics of monocotyledonous leaf.

【Experiment Material】

Paraffin wax slice: Leaf of *Camellia sinensis*, leaf of *Lophatherum gracile* (or leaf of *Triticum aestivum*) .

【Instrument and drugs】

Microcsope, lens wiping paper.

【Experiment Methods】

1. Structure of dicotyledonous blade:

Examine the transverse section of Leaf of *Camellia sinensis* under microscope:

（1）Epidermis: fall into the upper epidermis and the lower epidermis, composed of one layer of cells respectively. The cells are rectangular, living, array tightly, and bear stomata, which have a far higher density in the lower epidermis than in the upper. Guard cells composing of the stomata are smaller than ordinary epidermal cells. In the epidermis of some plant, there can be seen a variety of trichoma.

（2）Mesophyll tissue: larger thin – walled cells, located between the upper epidermis and the lower epidermis. It is divided into two parts, the palisade parenchyma: consisted of two layers of cylindrical cells, usually directly beneath the epidermis of the upper surface of the leaf. The cells arrange tightly, perpendicular to the epidermis, and contain many chloroplasts; the spongy parenchyma: several layers of cells just under the lower epidermis, array loosely, bearing larger intercellular spaces. The elongated and cylindrical shapes of the spongy cells contain fewer chloroplasts. Internal to the stomata, there are usually bigger spaces, called sub – stomatic chamber. Usually, the mesophyllic tissues located in the main vein do not differentiate into the palisade and spongy parenchyma.

（3）Vein: observe mainly the structure of vein. Located in the bulge of leaf center, the main vein, made up of vascular bundles and mechanical tissues. Although the bundles are open collateral bundles, the secondary structures produced by activities of cambium are very limited. The xylem is adaxial, that is ventral, towards the axis, the upper epidermis. The phloem is abaxial, that is dorsal, away from the axis, the upper epidermis. The cambium locates between the xylem and the phloem. Under the epidermis of the vain, often there can be seen collenchyma, especially at the lower epidermis. The more division of the vein, the simpler the structures of xylem and phloem tend to be.

2. Structure of monocotyledonous leaf

Observe the cross – section mount of leaf of *Lophatherum gracile* (or leaf of *Triticum aestivum*) under the microscope:

(1) Epidermis: is divided into the upper epidermis and the lower epidermis, consisted of one layer of cells respectively, arrange tightly, the cells wall keratinized, and bossed silica cells also can be seen. In the upper epidermis, there can be seen multi large thin – walled cells arranged in the fan shaped, which are called bulliform cells or motor cells.

(2) Mesophyll tissue: in the leaf of leaf of *Lophatherum gracile* similarly differentiate into the palisade and the spongy parenchyma. However, most of the monocotyledonous plants like leaf of *Triticum aestivum*, differentiate into the mesophyllic tissue instead.

(3) Vein: composed of the mechanical tissue and the vascular bundles, and the latter are closed collateral bundles, with no cambium. Confined to the vascular bundles of the upper and lower epidermis, usually found clustered thick – walled cells.

[Experiment Guides]

1. Laboratory Assignments

(1) Make detailed and sketch drawing of microscopic structure of leaf of *Camellia sinensis*.

(2) Make detailedand sketch drawing of microscopic structure of leaf of *Lophatherum gracile*.

2. Questions

(1) In the microscope, how to identify the upper and the lower of epidermis from Leaf of *Camellia sinensis*?

(2) What are the similarities and the differences of microscopic structure between the dicotyledon and themonocotyledon?

实验十二 综合实验——校园植物观察 根、茎、叶的外部形态

【实验目的】

1. 通过观看录像和观察校园植物，了解植物的形态特征、生态环境和物候期。

2. 认识根、茎、叶的外部形态特征及类型。

3. 认识根、茎、叶的变态类型。

【实验材料】

校园及附近植物。

【实验方法】

在教师的带领下，仔细观察校园内的各种植物器官的形态特征。记录下它们各属于哪个器官，哪种类型。

一、根

（一）根的类型

（1）定根：观察大青叶、荠菜、蒲公英等植物的根。

（2）不定根：爬墙虎、吊兰等植物的不定根。

（二）根系

（1）直根系：蒲公英、蚕豆等植物的根系。

（2）须根系：小麦、葱、薏苡等植物的根系。

（三）变态根

（1）贮藏根：肉质直根和块植。

肉质直根：萝卜、胡萝卜、桔梗等。

块根：麦冬、何首乌、天门冬等。

（2）气生根：吊兰、石斛等。

（3）攀援根：常春藤、络石等。

（4）支持根：玉米、薏苡等。

（5）水生根：浮萍、睡莲等。

（6）寄生根：菟丝子等。

二、茎

（一）茎的分枝

（1）单轴分枝：观察银杏、水杉等植物的分枝。

（2）合轴分枝：观察桃、樱花等植物的分枝。

（3）二叉分枝：观察地钱、石松等植物的分枝。

（4）假二叉分枝：观察石竹、曼陀罗等植物的分枝。

（二）茎的分类

1. 按质地分

木质茎：樟、桂花、悬铃木等。

草质茎；薄荷、夏枯草、牵牛等。

内质茎：仙人掌、景天等。

2. 按生长习性分

直立茎：松、石楠、枫杨等。

缠绕茎：何首乌、牵牛、忍冬等。
攀援茎：爬墙虎、葡萄、豌豆等。
匍匐茎：连钱草、草莓等。

（三）变态茎

（1）根状茎：玉竹、姜、白茅等。
（2）块茎：半夏、马铃薯、天麻等。
（3）球茎：慈姑、荸荠、番红花等。
（4）鳞茎：洋葱、贝母、百合等。
（5）叶状茎：天门冬、仙人掌等。
（6）枝刺：构桔、木瓜等。
（7）钩状茎：钩藤等。
（8）卷须茎：丝瓜、葡萄等。
（9）小块茎和小鳞茎：山药的小块茎，半夏叶柄上的小块茎等。

三、叶

在叶的形态学观察中注意以下几个方面的观察。

（一）叶的组成

（二）叶片的形状

常见的叶片形状有：针形、线形、披针形、倒披针形、椭圆形、阔椭圆形、卵形、倒卵形、阔卵形、倒阔卵形、剑形、圆形等。

（三）叶端的形状

叶端常见的形状有：圆形、钝形、截形、急尖、渐尖、尾状、芒状、短尖、微凹、微缺、倒心形等。

（四）叶基的形状

叶基常见的形状有：楔形、钝形、圆形、心形、耳形、箭形、戟形、截形、渐狭、偏斜、盾形、穿茎、抱茎等。

（五）叶缘的形状

叶缘常见的形状有：全缘、波状、锯齿状、重锯齿、牙齿状、圆齿状、缺刻状等。

（六）叶片的分裂

可分为以下三种类型：①羽状分裂；②掌状分裂；③三出分裂。
每种分裂都可再分为浅裂、深裂和全裂。浅裂为叶裂深度不超过或接近叶片的1/4；深裂为叶裂深度超过叶片的1/4；全裂为叶裂深度几达主脉或叶柄顶部。

（七）叶脉及脉序

脉序主要有以下四种类型。
（1）网状脉序：网状脉序又因主脉分出侧脉的不同而有两种形式。
羽状网脉：桂花、枇杷等。
掌状网脉：冬瓜、蓖麻等。

（2）平行脉序：单子植物特有，有以下几种类型。

直出平行脉：麦冬、淡竹叶等。

羽状平行脉：芭蕉等。

辐射脉（射出脉）：棕榈、薄葵等。

弧形脉：玉簪等。

（3）二叉脉序：比较原始的脉序，如银杏等。

（八）叶片的质地

叶片常见的质地有：膜质、干膜质、草质、革质、肉质等。

（九）单叶与复叶

（1）单叶：桂花、广玉兰、杜仲等。

（2）复叶：复叶有以下几种类型。

三出复叶：半夏、酢浆草等。

掌状复叶：五叶木通、刺五加等。

羽状复叶：槐树、南天竹、苦楝等。

单身复叶：柑桔等。

（十）叶序

（1）互生：桃、旱柳等。

（2）对生：薄荷、黄杨等。

（3）轮生：轮叶沙参、夹竹桃等。

（4）簇生：银杏、枸杞等。

（5）基生：荠菜、青菜等。

（十一）变态叶

（1）苞片：半夏佛焰苞，向日葵等。

（2）鳞叶：贝母、洋葱等。

（3）叶刺：仙人掌、刺槐等。

（4）叶卷须：菝葜等。

（5）根状叶：浮萍等。

（6）捕虫叶：捕蝇草等。

【实验指导】

一、实验作业

整理归纳所观察的植物器官形态特征，并根据实验内容列出表格。

二、思考题

1. 怎样区分地下茎（变态茎）与根？

2. 你还能举出哪些变态根、变态茎、变态叶的植物名称？

3. 如何正确区分单叶与复叶？

Experiment 12　Comprehensive Experiment Plant Observation in the Campus External Morphology of Root, Stem and Leaf

【The Aim and Demand】

1. Through watching VCR and observing plant in the campus, tounderstand morphological features, ecological environment, and phonological period of plant.

2. Know the external morphology and types of root, stem and leaf.

3. Understand abnormalities and their sorts of root, stem and leaf.

【Experiment Material】

Plants in the campus and nearby.

【Experiment Methods】

Led by the teacher, observe carefully the morphological characters of various botanic organs in the campus, and write down correctly the organs and the types, which they belong to.

1. Root

（1）Type of root

①Normal root：Watch *Isatis indigotica*, *Capsella bursapastoris*, *Taraxacum mongolicum*, etc.

②Adventitious root：Watch root system of *Parthenocissus tricuspidata*, *Chlorophytum comosum*, etc.

（2）Root system

①Tap root system：Watch root system of *Taraxacum mongolicum*, *Vicia faba*, etc.

②Fibrous root system：Watch root system of *Triticum aestivum*, *Allium nerniflorum*, *Coix lach-jobi* L. var. *ma-yuen*, etc.

（3）Abnormal root

①Storage root

Fleshy tap root：*Raphanus sativus*, *Daucus carota* var. sativa, *Platycodon grandiflorum*, etc.

Root tuber：*Ophyopogon japonicus*, *Asparagus cochinchinensis*, *Polygonum multiflorum*, etc.

②Aerial root：*Chlorophytum comosum*, *Dendrobium nobile*, etc.

③Climbing root：*Hedera helix*, *Trachlospermum jasminoides*, etc.

④Prop root：*Zea mays*, *Coix lachryma – jobi* L. var. *ma – yuen*, etc.

⑤Water root：*Lemna minor*, *Nymphhaea tetragona*, etc.

⑥Parasitic root：*Cuscuta chinensis*, etc.

2. Stem

（1） Branching of stem

①Monopodial branching：Observe branching of *Ginkgo biloba*, *Metasequoia glytostroboides*, etc. .

②Sympodial branching：Observe branching of *Amygdalus persica*, *Prunus serrulata*, etc.

③Dichotomous branching：Observe branching of *Marchantia polymorpha*, *Lycopodium japonicum*, etc.

④False dichotomous branching：Observe branching of *Dianthus chinensis*, *Datura stramonium*, etc.

（2） Type of stem

① Sort according to texture：

Woody stem：*Cinnamomum cassia*, *Osmanthus fragrans*, *Platanus acerifolia*, etc.

Herbaceous stem：*Mentha canadaensis*, *Prunella vulgaris*, *Pharbitis nil*, etc.

Succulent stem：*Opuntia dillenii*, *Sedum erythyostictum*, etc.

② Sort according to growth habit：

Erect stem：*Pinus* sp. , *Photinia serrulata*, *Pterocarya stenoptera*, etc.

Twining stem：*Polygonum multiflorum*, *Pharbitis nil*, *Lonicerajaponica*, etc.

Climbing stem：*Parthenocissus tricuspidata*, *Vitis vinifera*, *Pisum sativum*, etc.

Creeping stem：*Glechoma longituba*, *Fragaria ananassa*, etc.

（3） Abnormal stem

①Rhizome：*Polygonatum odoratum*, *Zingiber officinale*, *Imperata cylindrical*, etc.

②Tuber：*Pinellia ternate*, *Solanum tuberosum*, *Gastrodia elata*, etc.

③Corm：*Sagittaria sagittifolia*, *Eleocharis tuberosa*, *Crocus sativus*, etc.

④Bulb：*Allium cepa*, *Fritillaria* sp. , *Lilium brownii*, etc.

⑤Phylloclade：*Asparagus cochinchinensis*, *Opuntia dillenii*, etc.

⑥Shoot thorn：*Poncirus trifoliate*, *Chaenomeles sinensis*, etc.

⑦Hook – like stem：*Uncaria rhynchophylla* ect.

⑧Stem tendril：*Luffa cyindrica*, *Vitis vinifera* etc.

⑨Tubercle and bulblet：Petiolaceous tubercle of *Dioscorea opposita*, *Pinellia ternate*, etc.

3. Leaf

Observe the configuration of leaf according to the following aspects：

(1) Leaf components.

(2) Shapes of leaf blade: acicular, linear, lanceolate, oblanceolate, elliptical, ovate, wide ovate, obovate, wide obovate, ensiform, orbicular etc.

(3) Shapes of leaf apex: frequent shapes are rounded, obtuse, truncate, acute, acuminate, attenuate, caudate, aristate, macronate, retuse, emarginated, obcordate, etc.

(4) Shapes of leaf base: common shapes are cuneate, obtuse, rounded, cordate, auriculate, sagitate, hastate, truncate, attenuate, oblique, peltate, perfoliate, amplexicaul, etc.

(5) Shapes of leaf margin: common shapes are entire, undulate, serrate, double serrate, dentate, crenate, erose, etc.

(6) Division of leaf blade: The common divisions of blades are classified as the following three types:

①Pinnatifid division

②Palmatifid division

③Trifid division

Each division can be divided into three types: lobate, that is lobed only 1/4 to middle of blade; parted, cut 1/2 to 3/4 of distance to middle of blade; and divided, cut 3/4 to almost complete length.

(7) Vein and venation: The venation falls into the following four types:

①Netted venation: Two types depended on the form of lateral vein divided from the main vein.

②Pinnate venation: *Osmanthus fragrans*, *Eriobotrya japonica*, etc.

③Palmate venation: *Benincasa hispida*, *Ricinus communis*, etc.

④3parallel venation: characteristics of monocotyledon, types as follows:

⑤Straight parallel venation: *Ophyopogon japonicus*, *Lophatherum gracile*, etc.

⑥Pinnately parallel venation: *Musa basjoo*, etc.

⑦Radiate venation: *Trachycarpus fortunei*, *Livistoma chinensis*, etc.

⑧Arc venation: *Hosta plantaginea*, etc.

⑨Dichotomous venation: Comparatively primitive, like *Ginkgo biloba*, etc.

(8) Texture of blade: The common textures are membranaceous, scarious, chartaceous, herbaceous, coriaceous, succulent.

(9) Simple leaf and compound leaf

①Simple leaf: *Pyrus* sp., *Magnolia grandiflora*, *Eucommia ulmoides*, etc.

②Compound leaf: types as follows

③Ternately compound leaf: *Pinellia ternate*, *Oxalis corniculata* etc.

④Palmately compound leaf: *Akebia quinata*, *Acanthopanax gracilistylus*, etc.

⑤Pinnately compound leaf：*Sophora japonica*，*Nandina domestica*，*Melia a-zedarach*，etc.

⑥Unifoliate compound leaf：*Citrus reticulata* etc.

（10）Phyllotaxy：arranging sequence of leaf on stem branch. The frequent phyllotaxy is as follows.

①Alternate：*Amygdalus persica*，*Salix matsudana*，etc.

②Opposite：*Mentha canadaensis*，*Buxus microphylla* Sieb. Et Zucc. var. *sinica*，etc.

③Verticillate：*Adenophora tetraphylla*，*Nerium indicum*，etc.

④Fascicled：*Ginkgo biloba*，*Lycium chinense*，etc.

⑤Radical：*Capsella bursapastoris* \ *Brassica narinosa*

（11）Abnormal leaf

①Bract：*Pinellia ternate*，*Helianthus annuus*，etc.

②Scale leaf：*Fritillaria thunbergii*，*Allium cepa*，etc.

③Leaf thorn：*Opuntia dillenii*，*Robinia pseudoacacia*，etc.

④Leaf tendril：*Smilax china* etc.

⑤Rhizomorphoid leaf：*Lemna minor* etc.

⑥Insect-catching leaf：*Dionaea muscipula*，etc.

【Experiment Guides】

1. Laboratory Assignments

Sum up botanic forms observed, and make into a table according to the experiment contents.

2. Questions

（1）How to identify underground stem（abnormal stem）from root？

（2）Give some plantnames that are abnormal roots, stems and leaves as possible as you can.

（3）How to distinguish correctly the simple leaf from the compound leaf？

实验十三　花的组成、类型及表达方法

【实验目的】

1. 熟悉花的组成、类型。

2. 掌握花的解剖方法，及使用花公式、花图式描述花的方法。

3. 识别花序的各种类型。

【实验材料】

新鲜材料：刺槐花、多花紫藤的花、凤尾丝兰的花、校园植物。

【实验器材、药品】

体式显微镜、载玻片、镊子、解剖针、刀片、培养皿、擦镜纸。

【实验内容】

本实验分室内实验和室外实验二部分。室内主要进行花的解剖，室外则进行花的类型及花序的类型的识别。

一、花的解剖

解剖前，应注意花序的类型，花的着生方位；苞片有无；整齐花还是不整齐花；合瓣花还是离瓣花；两性花还是单性花或者是无性花。

如是新鲜材料可放入培养皿中，先用一解剖针将花按住，用镊子或另一解剖针自外而内层层剥离。如是浸渍材料，如遇花瓣较大，质地菲薄的花，解剖时，培养皿内需放较多的水，以便花瓣展开，解剖方法同上。如是干燥标本上取下的花，应先放入小烧杯中加入适量的水，在酒精灯上加热，时间因材料质地不同而异，加热后放入培养皿中，解剖方法同上。

解剖时，应边解剖，边记录。

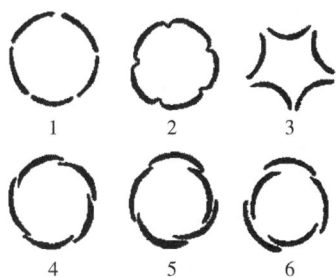

图 5－21　花被卷叠式

1.2.3. 镊合式　4. 旋转式
5. 覆瓦式　6. 重覆瓦式

（1）花萼：几片萼片组成，分离或连合，注意萼片彼此间排列的方式。

（2）花冠：几片花瓣组成，分离或连合，注意花瓣彼此间排列的方式（图 5－21）。

（3）雄蕊群：雄蕊几枚，排列方式，有何特点，花药的方向，雄蕊与花瓣的关系（图 5－22）。

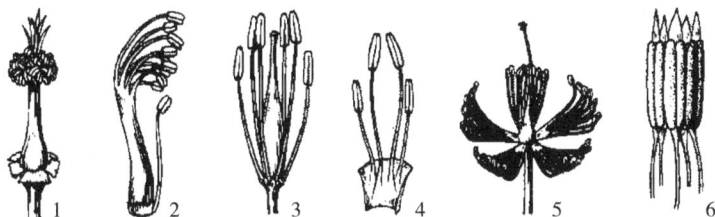

图 5－22　雄蕊的类型

1. 单体雄蕊　2. 二体雄蕊　3. 四强雄蕊　4. 二强雄蕊　5. 多体雄蕊　6. 聚药雄蕊

（4）雌蕊群：心皮数目、分离或连合，子房与花托的愈合程度，子房室数，胎座类型、胚珠数。其中心皮数目通常根据子房室数、柱头数、子房壁上的主脉数综合起来确定。注意判断子房是子房上位、子房半下位还是子房下位（图 5－23，图 5－24）。

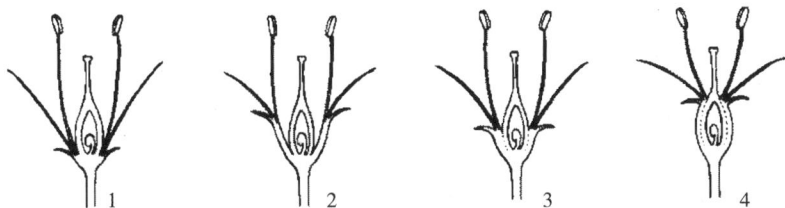

图 5－23　子房与花被的相关位置

1. 子房上位（下位花）　2. 子房上位（周位花）
3. 子房半下位（周位花）　4. 子房下位（上位花）

93

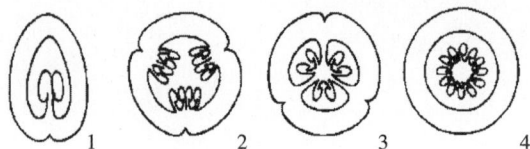

图 5 – 24　胎座的类型

1. 边缘胎座　2. 侧模胎座　3. 中轴胎座　4. 特立中央胎座

二、花的类型

室外观察花的类型。尽量看全各种类型的花。如：无被花、单被花、重被花、离瓣花、合瓣花、两性花、单性花、无性花等。

三、花序

室外观察各种植物的花序。

（1）总状花序：荠菜、油菜、萝卜等。

（2）穗状花序：车前、牛膝等。

（3）柔荑花序：杨、柳、枫杨等。

（4）伞房花序：梨、麻叶绣线菊等。

（5）伞形花序：人参、葱等。

（6）头状花序：蒲公英、大蓟、红花等。

（7）隐头花序：无花果等。

（8）肉穗花序：半夏、天南星等。

（9）聚伞花序

单歧聚伞花序：鸢尾等。

二歧聚伞花序：黄杨、石竹等。

多歧聚伞花序：泽漆、京大戟等。

轮伞花序：益母草、薄荷等。

（10）圆锥花序：凤尾兰、女贞等。

（11）复伞形花序：明党参、当归等。

（12）复穗状花序：小麦、香附等。

（13）复伞房花序：石南、花楸等。

【实验指导】

一、实验作业

1. 分别写出刺槐（多花紫藤）、凤尾丝兰的花公式及花图式。

2. 把观察到的花序类型及植物名称列出表格。

二、思考题

1. 怎样判断子房上位、下位、半下位？

2. 怎样判断心皮数？

3. 如何区分有限花序和无限花序？

Experiment 13　Constitute and Type of Flower Expression Method of Flower

【The Aim and Demand】

1. Familiar with the constituent and type of flower.

2. Grasp the anatomic method of flower, and grasp depict of flower using the flower formula and the flower diagram.

3. Recognize various types of the inflorescence.

【Experiment Material】

Fresh material：Flower of *Robinia pseudoacacia*, *Wisteria floribunda* and *Yucca glariosa*.

【Instrument and drugs】

Stereomicroscope, glass slid, cover slip, dissecting needle, forceps, blade, culture dish, lens wiping paper.

【Experiment Contents】

This experiment will be divided into two parts：the indoor and the outdoor parts. The indoor part：flower anatomy, and the outdoor part：recognition of type of flower and the inflorescent types.

1. Flower anatomy

Before anatomy, notice the following characters of flower：the inflorescent type, direction of flower insertion, whether bearing bract or not, regular or irregular flower, gamopetalous or dialypetalous flower, bisexual or unisexual or asexual flower.

If the material is fresh, then place it into a culture dish. Then, pressing on it with the dissecting needle, at the same time take it apart inward with forceps or another dissecting needle. If it is a dipping flower with bigger thin, weak petals, fill the culture dish with more water so as to let petals to unfold, then dissect itaccording to the above method. If the flower is picked off from dry specimen, put it into a small beaker filled with proper amount of water, heat it above an alcohol burner (heating time depended upon the quality of the material), then dissect it according to the above method.

Take notes, while dissecting a flower.

(1) Calyx: How many sepals constitute a calyx, separated or connected? In what way do the sepals arrange between themselves?

(2) Corolla: How many petals make up a corolla, separated or commissural? In what way do the petals arrange between themselves?

(3) Androecium: number of the stamen, way of arrangement, its characters, direction of the anther, relationship of between the stamen and the petal.

(4) Gynoecium: number of the carpel, isolated or commissural, connate degree of the ovary and the receptacle, number of chambers in the ovary, type of the placenta, number of the ovule. To make sure the number of the carpel, usually the number of chambers in the ovary, the number of the stigma and the number of the main vein on the ovary wall should all be taken into account. Notice and identify the insertion position of the ovary: superior, inferior, or half-inferior.

2. Type of flowers

Observe the type of flowers outdoorthoroughly: naked flower, simple flower, double perianth flower, choripetatous flower, sympetalous flower, bisexual flower, unisexual flower, asexual flower.

3. Inflorescence:

Observe the inflorescences of various kinds of plants outdoor.

(1) Raceme: *Capsella bursapastoris*, *Brassica chinensis*, *Raphanus sativus* etc.

(2) Spike: *Plantago asiatica*, *Achyranthes bidentate* etc.

(3) Catkin: *Populus* sp., *Salix* sp., *Pterocarya stenoptera* etc.

(4) Corymb: *Pyrus* sp., *Spiraea cantoniensis* etc.

(5) Umbel: *Panax ginseng*, *Allium fistulosum* etc.

(6) Capitulum: *Taraxacum mongolicum*, *Cirsium japonicum*, *Carthamus tinctorius* etc.

(7) Hypanthodium: *Ficus carica* etc.

(8) Spadix: *Pinellia ternate*, *Arisaema erubescens* etc.

(9) Cyme

Monochasium: *Iris tectorum* etc.

Dichasium: *Buxus microphylla*, *Dianthus chinensis* etc.

Pleiochasium: *Euphorbia helioscopia*, E. *pekinensis* etc.

Verticillaster: *Leonurus japonicus*, *Mentha canadaensis* etc.

(10) Compound raceme: *Yucca glariosa*, *Ligustrum lucidum* etc.

(11) Compound umbel: *Changium smyrnioides*, *Angelica sinensis* etc.

(12) Compound spike: *Triticum aestivum*, *Cyperus rotundus* etc.

(13) Compound corymb: *Photinia serrulata*, *Sorbus vilmorinii* etc.

【Experiment Guides】

1. Laboratory Assignments

（1）Write out the flower formula and the flower diagram of *Robinia pseudoacacia*（*Wisteria floribunda*）and *Yucca glariosa* respectively.

（2）Table the types of inflorescences and terms of plants that you have observed.

2. Questions

（1）How to identify the superior ovary from the inferior ovary and the half – inferior ovary?

（2）How to estimate the number of carpel?

（3）How to distinguish the definite inflorescence from the indefinite inflorescence?

实验十四 果实和种子的形态、结构和类型

【实验目的】
1. 掌握果实的形态特征及类型。
2. 了解种子的外部特征及类型。

【实验材料】
各种果实、校园植物、蓖麻子、蚕豆。

【实验器材、药品】
体式显微镜、载玻片、镊子、解剖针、刀片、培养皿、擦镜纸。

【实验内容】

一、果实

观察果实外形及各种类型，常见类型如下。

（一）肉果

（1）浆果：番茄、枸杞等。
（2）核果：桃、李等。
（3）梨果：苹果、枇杷、梨等。
（4）柑果：橙、代代花等。
（5）瓠果：南瓜、栝楼等。

（二）干果

1. 裂果
蓇葖果：厚朴、广玉兰等。
荚果：紫荆、豌豆等。
角果：荠菜、萝卜等。
蒴果：马齿苋、石竹等。

2. 不裂果
瘦果：向日葵、荞麦等。

颖果：水稻、玉米等。

坚果：板栗、益母草等。

翅果：杜仲、榆等。

胞果：青葙、地肤子等。

分果：当归、小茴香等。

另注意各种聚合果的类型。

（三）聚合果

（1）聚合瘦果：草莓、蛇莓等。

（2）聚合浆果：五味子

（3）聚合核果：悬钩子

（4）聚合坚果：莲

（5）聚合蓇葖果：八角、牡丹等。

（四）聚花果

桑椹、凤梨、无花果。

二、种子

种子分为有胚乳种子和无胚乳种子。在实验室内取一枚蓖麻和蚕豆种子观察其外部形态，注意下列各部。

（1）种阜：海绵状突起物，位于种子较窄的一端。

（2）种孔：为一小孔，被种阜掩盖，胚根伸出的部位。

（3）种脐：点状疤痕，位于种阜短径的一侧。

（4）种脊：种脐到合点之间的隆起线。

（5）合点：位于种脊的末端。

【实验指导】

一、实验作业

1. 列表归类所见的植物果实类型。

2. 画出蓖麻子和蚕豆的结构图，并注明组成。

二、思考题

试述果实的发育过程。

Experiment 14　Morphology Structure and Type of Fruit and Seed

【The Aim and Demand】

1. Graspmorphological characters and types of fruits.

2. Understandthe external characteristics and types of seed.

【Experiment Material】

Various fruits, campus plants, seed of *Ricinus communis* and *Vicia faba*.

【Instrument and drugs】

Stereomicroscope, glass slid, cover slip, dissecting needle, forceps, blade, culture dish, lens wiping paper.

【Experiment Contents】

Observation ofexternal configuration and types of fruits, the usuall types are as follows:

1. Fruit

Outdoor observation of shape and all sorts of fruit, common fruits are seen as follows:

(1) Fleshy fruit

①Berry: *Lycopersicon esculentum*, *Lycium chinensis* etc.

②Drupe: *Amygdalus persica*, *Cerasus japonica* etc.

③Pome: *Malus pumila*, *Eriobotrya japonica*, *Pyrus* sp. etc.

④Hesperidium: *Citrus reticulata*, C. *aurantium* etc.

⑤Pepo: *Benincasa hispida*, *Trichosanthes kirilowii* etc.

(2) Dry furit

①Dehiscent fruit

Follicle: *Magnolia officinalos*, M. *grandiflora* etc.

Legume: *Ceris chinensis*, *Pisum sativum* etc.

Silique and silicle : *Capsella bursapastoris*, *Raphanus sativus* etc.

Capsule: *Datura stramonium*, *Dianthus chinensis* etc.

②Indehiscent fruit

Achene: *Helianthus annuus*, *Fagopyrum cymosum* etc.

Caryopsis: *Oryza sativa*, *Zea mays* etc.

Nut: *Quercus fabri*, *Leonurus japonicus* etc.

Samara: *Eucommia ulmoides*, *Ulmus pumila* etc.

Utricle: *Celosia argentea*, *Kochia scoparia* etc.

Schizocarp: *Angelica sinensis*, *Foeniculum vulgare* etc.

(3) Aggregate fruit:

①Ataerio of achenes: *Fragaria ananassa*, *Duchesnea indica* etc.

②Aggregate berries: *Schisandra chinensis*

③Ataerio of drupelets：*Rubus coreanus*

④Aggregate of nuts：*Nelumbo nucifera*

⑤Aggregate fruit follicles ellipsoid：*Illicium verum*，*Paeonia suffruticosa*

（4）Collective fruit：*Morus alba*，*Ananas comosus*，*Ficus carica*.

2. Seed

Seeds can be classified into the albuminous seeds and the exalbuminous seeds. Observe a seed of *Ricinus communis* in laboratory, notice its external conformity and different part of it as follows：

（1）Caruncle：spongy vesicular aerifera, located in the narrower end of seed.

（2）Micropyle：one orifice, covered by caruncle, at the position where the radicle extended out.

（3）Hilum：a punctual scar, located at the side of short radial of caruncle.

（4）Raphe：ridging between hilum and chalaza.

（5）Chalaza：located in the end of raphe.

【Experiment Guides】

1. Laboratory Assignments

（1）Sum up and table the types of plant fruits observed into a table.

（2）Sketchstructural of seed of *Ricinus communis* and *Vicia faba*, and illustrate each components.

2. Questions

Dipict the developing process of fruit.

第六章　植物分类学
Chapter Ⅵ　Plant Taxonomy

实验十五　藻类植物和菌类植物

【实验目的】

1. 了解藻类植物、菌类植物的主要特征。
2. 通过新鲜材料和蜡叶标本的观察，认知一定数量的植物。
3. 掌握低等植物的主要特征。

【实验材料】

新鲜材料：水绵 *Spirogyra nitida*（Dillw.）Link、啤酒酵母菌 *Saccharomyces cerevisiae* Han.。石蜡切片：青霉菌 *Penicillium* sp.、水绵 *Spirogyra nitida*（Dillw.）Link。

另外还有植物的标本若干：海带、紫菜、石花菜、石莼、麦角菌、冬虫夏草、灵芝等。

【实验器材、药品】

显微镜、载玻片、镊子、解剖针、刀片、培养皿、擦镜纸。

【实验方法】

一、藻类植物

挑取水绵少许，用水装片，置显微镜下观察，可见其植物体是由一列细胞构成的，且为不分枝的丝状体。选取一个细胞，转换到高倍镜下观察，可见细胞内呈绿色的、带状螺旋形（单螺旋或双螺旋甚至三螺旋）的载色体。在载色体上有许多颗粒状的结构，称为蛋白核，细胞核清晰可见（图6-1）。想一想水绵的有性生殖是何种方式？

水绵的有性生殖过程：在春、秋两季，从水中采集已发黄的水绵，制片镜检观察，常可见水绵的有性生殖过程。在两个相邻的丝状体细胞间结合，形成梯子状，这种接合叫梯形接合，有时还可以看到同一丝状体相邻细胞间进行侧面接合，称为锁状接合，这两种方式都叫接合生殖。观察配子、合子及接合管的形成过程。

观察藻类植物标本，它们分属于哪个门？通过观察总结藻类植物的主要特征。

二、菌类植物

（一）酵母菌的观察

在实验前1~2小时，把从商店中的购买的酵母菌干粉，放于温水中备用。

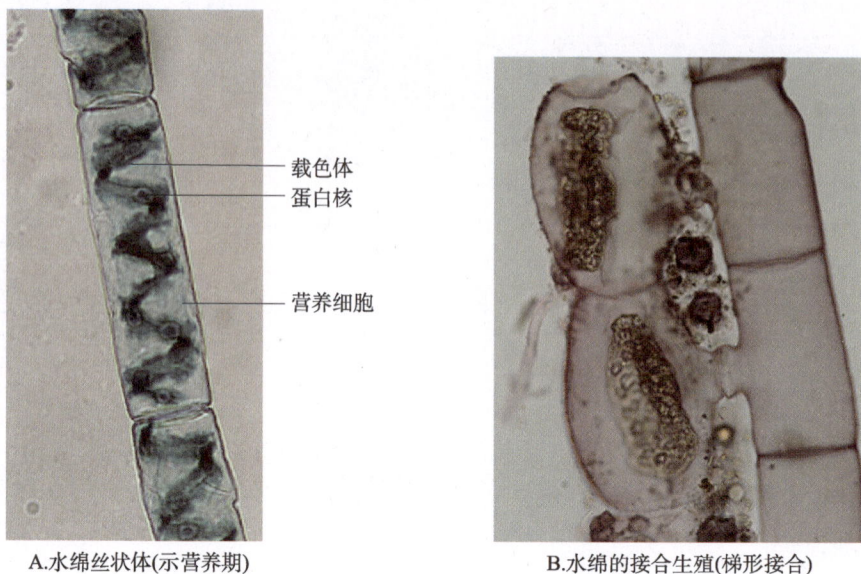

A.水绵丝状体(示营养期)　　　　　　　B.水绵的接合生殖(梯形接合)

图6-1　水绵

取少许上述溶液做成水装片，置显微镜下观察。由于酵母菌较小，须用高倍镜观察。高倍镜下可见酵母菌是单细胞生物，每个个体都可见细胞壁、细胞核、液泡。由于在温水中已1~2小时，故在制片中可以看到酵母菌的出芽生殖，想一想这种生殖方式是属于营养繁殖、无性繁殖还是有性繁殖？

（二）青霉菌的观察

取青霉菌制片，置显微镜下观察，注意其菌丝特征。观察其分生孢子梗呈扫帚状，由多细胞组成，分生孢子梗末端分枝上有成串的分生孢子（图6-2）。想一想它是属于哪种繁殖方式。

观察菌类植物标本，它们分别属于真菌门的哪个亚门？菌类植物的主要特征是什么？

图6-2　青霉菌（示分生孢子梗及分生孢子）

【实验指导】

一、实验作业

1. 绘水绵的营养期细胞。

2. 绘青霉菌的分生孢子梗及分生孢子。

二、思考题

1. 低等植物包括哪几类植物？有何特点？

2. 何为自养生物？何为异养生物？

Experiment 15　Algae and Fungi

【The Aim and Demand】

1. Study the primary characters of algae, fungi.

2. By observing fresh materials and herbarium sheets, recognize a certain amount of plants.

3. Grasp the primary characters of the lower plant.

【Experiment Material】

Fresh material：*Spirogyra nitida*（Dillw.）Link, *Saccharomyces cerevisiae* Han., paraffin wax slice of *Penicillium* sp. In addition, there are some other plant specimen such as：*Laminaria japonica*, *Porphyra tenerai*, *Gelidium amansii*, *Ulva lactula*, *Claviceps purpurea*, *Cordyceps sinensis*, *Ganoderma lucidum* etc.

【Instrument and drugs】

Microscope, glass slid, cover slip, dissecting needle, forceps, blade, culture dish, lens wiping paper.

【Experiment Methods】

1. Algae

Pick up a litter *Spirogyra nitida*（Dillw.）Link, and put it in the center of a clean glass slide. Add 1 drop – 2 drops of water, cover and examine under the microscope. It can be seen that the plant material is an eramosus filament, which is composed of a chainlike series of cells. Select one cell and observe it under the high power. It is found in the cell that green, helical（single or double or triple helix）, belt like chromatophore.

On the chromatophore, there are lots of granulose structures, called pyrenoid. The nucleus is well defined. In what way does the amphigenesis of *Spirogyra nitida* (Dillw.) Link occur? Think of that.

Observation of the amphigenetic process of *Spirogyra nitida* (Dillw.) Link: gather yellow *Spirogyra nitida* (Dillw.) Link from water in the season of spring or fall. Make temporary mount of it and examine under the microscope.

Conjugation occurs between two cells located in adjacent filament to form aladder-like structure, called trapezoidal connection. Sometimes, adjacent cells of the same filament connect to each other through side juncture, called clamp connection. The above two mating manners are all called zygogamy. Note the forming process of gamete, zygote and conjugation tube respectively.

Observe algous specimen, and what division do they belong to respectively? Summarize the properties of algae through observation.

2. Fungi

(1) Observe *Saccharomyces cerevisiae* Han.

1 hour – 2 hours before experiment, place the dry powder of *Saccharomyces cerevisiae* Han. into warm water, which purchased from shop.

Make water-mounted slice from theabove-prepared solution, and examine microscopically. Because the microzyme is smaller, it must be observed under the high power. It is found that the microzyme is a single-cell organism; each individual can be seen cell wall, nucleus and vacuole.

As a result of dipping in warm water for 1 hour – 2 hours, it can be found that the gemmation of microzyme in the mount. Does the gemmation belong to vegetative reproduction or agamogenesis or amphigenesis? Please think it over.

(2) Observe *Penicillium*sp.

Take up the mount of *Penicillium* sp., examine microscopically, and notice the features of hypha. The conidiophore appears as broom-shaped, consisted by many cells, and on the end branch of conidiophore there can be seen bunchy conidiospore. What kind of propagation, do you think, does it attribute to?

Observe fungi specimen, and which subdivision of eumycophyta, do you think, do they belong to respectively? Summarize the main characters of fungi.

【Experiment Guides】

1. Laboratory Assignments

(1) Make drafting ofcells of vegetative period of *Spirogyra nitida* (Dillw.) Link

(2) Prepare the following drawings of *Penicillium* sp.: conidiophore and conidiospore.

2. Questions

（1）Which kinds of plant does the lower plant include? And what characters does it possess?

（2）Whatare the autotrophic organism and the heterotrophic organism?

实验十六　苔藓植物和蕨类植物

【实验目的】

1. 掌握苔藓植物、蕨类植物的主要特征。

2. 通过新鲜材料和蜡叶标本的观察，认知一定数量的植物。

3. 掌握精子器和颈卵器的结构特点。

【实验材料】

石蜡切片：地钱 *Marchantia polymorpha* L. 。新鲜材料：贯众 *Cyrtomium fortunei* J. Sm. 地钱。

另外，还有植物的标本若干：石松、卷柏、木贼、问荆、海金莎、贯众、石韦、金毛狗脊等。

【实验器材、药品】

显微镜、载玻片、镊子、解剖针、刀片、培养皿、擦镜纸。

【实验方法】

一、苔藓植物

取地钱叶状体，用水洗去腹面的泥土，肉眼观察，可以看到叶状体为暗绿色，呈宽带状或叶状，多回二歧叉状分枝，边缘呈波状。用放大镜观察，可见叶状体的背面有气孔，腹面具假根及略呈紫色的鳞片。

如在夏季，可以采到具有雌、雄器托的标本。取带有雌器托的标本，切取其托盘，徒手切片做成水装片（也可用制好的永久切片），置显微镜下仔细观察颈卵器的结构，可见颈卵器形似长颈烧瓶，外壁为多细胞的，膨大的腹部内有一大型的卵细胞，卵细胞的上方为腹沟细胞，瘦长的颈部内有多个颈沟细胞（图6-3）。取带雄器托的标本，切取托盘，徒手切片制成水装片，置显微镜下观察，可见精子器呈棒状或卵状，精子器的壁为单层的细胞组成，成熟的精子器内，可以看到许多较深色的细胞，即精子。（图6-4）。

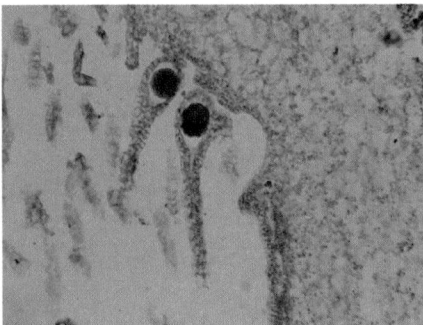

图6-3　地钱的颈卵器

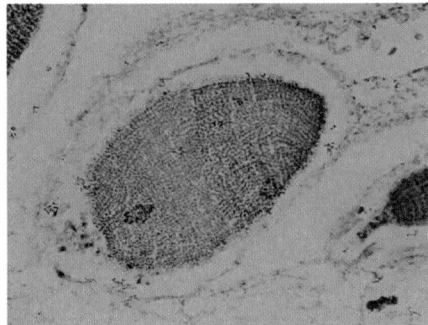

图6-4　地钱的精子器

二、蕨类植物

仔细观察新鲜材料贯众的植物形态，注意其叶、不定根和根状茎有何特征？

取贯众的孢子叶，做一横切片（或直接挑取叶背面的一个孢子囊群，制成水装片），置显微镜下观察，可以看到囊群盖，孢子囊柄、孢子囊。囊群盖下的孢子囊很多，选取一个较易观察的孢子囊于显微镜下观察，可见孢子囊壁上有细胞壁加厚的环带及薄壁的唇细胞。再选取一个破裂的孢子囊，观察其孢子的形态（图 6-5）。

观察辨认蕨类植物标本，它们分属哪个科？通过观察你认为蕨类植物有哪些特征？

图 6-5 贯众
A. 植物体　B. 示叶背面的孢子囊群　C. 幼叶

【实验指导】

一、实验作业

1. 绘地钱的精子器和颈卵器。
2. 绘贯众的孢子囊，示环带及唇细胞。

二、思考题

1. 颈卵器植物包括哪几类植物？为什么说颈卵器的出现是植物进化上的一大进步？
2. 什么是孢子植物？它包括哪几类植物？

Experiment 16　Bryophyta and Pteridophyta

【The Aim and Demand】

1. Master the fundamental characters of bryophyta andpteridophyta.

2. By observing fresh materials and herbarium sheets, learn to recognize certain number of plants.

3. Grasp the structural characteristics of antheridium and archegonium through the experiment.

【Experiment Material】

Paraffin wax slice：*Marchantia polymorpha* L. Fresh material：*Cyrtomium fortunei* J. Sm. , *Marchantia polymorpha* L.

In addition, there are some other plant specimens such as：*Lycopodium japonicum*, *Selaginella tamariscina*, *Hippochaete hiemale*, *Equisetum arvense*, *Lygodium japonicum*, *Cyrtomium fortune*, *Pyrosia lingua*, *Cibotium barometz* etc.

【Instruments and drugs】

Microscope, glass slid, cover slip, dissecting needle, forceps, blade, culture dish, lens wiping paper.

【Experiment Methods】

1. Bryophyta

Take up the thallus of *Marchantia polymorpha* L. , wash clay off the ventral aspect of it with water. Under the magascopic examination, the thallus takes on rifle green, showing itself as cummerbund – shaped or foliar, with multiple – level dichotomous (Y – bend) branching, which has corrugated edges. With the aid of magnifying glass, found that stomata on its dorsal surface, while on the reverse side bearing rhizine and slightly purple squamae.

In the summer, species bearing the female receptacle and the male receptacle can be collected. Pick up specie participating of the female receptacle, and cut the receptacle into slices with a razor blade. Add 2 – 3 drop of water to make into atemporary water – mount, and examine carefully the structure of archegonium (or using a permanent mount) microscopically.

The archegonium is similar in shape of kjeclahl flask, with a multicellular external wall. The swollen lower portion of an archegonium is called venter, containing a large sized egg, upon the egg found a ventral canal cell. There are numerous neck canal cells can be seen in the lanky neck. Make another water – mount of a specimen bearing the male receptacle according to above method, and examine microscopically.

Theantheridium appears as clubbed or oviform shape, and its wall is composed of monolayer cells. Inside of matured antheridium, there can be seen numerous darker colored cells, called sperm.

2. Pteridophyta

Carefully examine the conformation of fresh *Cyrtomium fortunei*, and notice the characters of leaf, adventitious root and rhizoma.

Make a temporary mount of a cross-section of a sporophyll torn down from *Cyr-*

tomium fortunei (or pick off a sorus from the back side of a sporophyll and to make a water-mount), and observe microscopically. There are can be seen indusium, sporangiophore, sporangium. Under the indusium, there are many sporangia, select one sporangium easily-observed and examine under the microscope. It is obvious that wall of sporangium constituted of one or multi- layer cells, which bearing an annulus formed by thickened cell walls and on the wall also found thin-walled lip cells. Select one disruptive sporangium again, and examine the conformity of spore.

Make observation and identification of pteridophyta specimens, and which families do they belong to respectively? According to your observation, what do you think, are the characteristics of pteridophyta?

【Experiment Guides】

1. Laboratory Assignments

(1) Make drawing of the antheridium and the archegonium.

(2) Draw the sporangium of *Cyrtomium fortunei*, and indicate its annulus and lip cell.

2. Questions

(1) Which kind of plant included in the archegoniatae? The appearance of the archegonium is great movement in the evolution of plant, why?

(2) What is spore-producing plant? Which kinds of plant does it include?

实验十七 裸子植物——松科和麻黄科

【实验目的】

1. 了解松科、麻黄科的大小孢子叶球的一般构造。

2. 掌握裸子植物的主要特征。

【实验材料】

新鲜材料：马尾松 *Pinus massoniana* Lamb.、草麻黄 *Ephedra sinica* Stapf。

另外还有若干植物标本：油松、金钱松、侧柏、草麻黄、银杏、三尖杉等。

【实验器材、药品】

显微镜、载玻片、镊子、解剖针、刀片、擦镜纸。

【实验方法】

一、松科

室外观察马尾松或黑松的外部形态。常绿乔木，有长枝和短枝之分。叶针形，两针一束。马尾松针叶较黑松针叶的长而软，新枝芽上的鳞片叶黑松是银白色，而马尾松是红棕色。小孢子叶球（雄球花）着生在当年新枝的基部，而大孢子叶球（雌球花）着生在顶端。

室内取马尾松或黑松的雌球花观察。外形为卵圆形或圆锥状卵形，可以看到种鳞与苞鳞分离（但有些松属植物的种鳞与苞鳞幼嫩时分离，成熟时愈合）。种鳞的腹面基部有二枚种子，种子具翅。（图6-6）。注意观察鳞盾、鳞脐的特征。

图6-6　油松
A. 示大孢子叶球　B. 示小孢子叶球

取马尾松或黑松的雄球花观察。雄球花穗状，雄球花由多数雄蕊（小孢子叶）螺旋排列而成，每个雄蕊具2花药，药隔扩大呈鳞片状，花粉粒具气囊。

二、麻黄科

麻黄为亚灌木，植株高30cm～60cm，木质茎短，小枝对生或轮生，纵槽不明显。叶鳞片状，膜质，基部鞘状。雌雄异株。

取麻黄的雄、雌球花解剖观察：雄球花（小孢子叶球）由数对苞片组合而成，每苞中有1雄花，每花有2～8枚雄蕊（小孢子囊），花丝合成一束，雄花外包有膜质假花被，2～4裂；雌球花（大孢子叶球）由多数苞片组成，仅顶端1～3片苞片生有雌花，雌花具有顶端开口的囊状假花被，包于胚珠外，胚珠1，具珠被管。成熟时苞片肉质红色。（图6-7）。

图6-7　草麻黄

【实验指导】

一、实验作业

1. 绘马尾松大孢子叶的背面观及腹面观。（示苞鳞、鳞盾、鳞脐、胚珠等特征）
2. 绘草麻黄雄球花与雌球花的解剖图。

二、思考题

1. 麻黄有无真正的花被？为什么？
2. 裸子植物的主要特征是什么？
3. 麻黄科的主要特征是什么？

4. 松科的主要特征是什么？

Experiment 17　Gymnospermae——Pinaceae and Ephedraceae

【The Aim and Demand】

1. Know general structures of female cone (ovulate strobilus) and male cone (staminate strobilus) of Pinaceae and Ephedraceae.

2. Grasp the primary characters of Gymnospermae.

【Experiment Material】

Fresh material: *Pinus massoniana* Lamb. , *Ephedra sinica* Stapf. Additionally, there are some other plant species such as *P. tabulaeformis* Carr. , *Pseudolarix kaempferi* Gord, *Platycladus orientalis* (L.) Franco, *Ginkgo biloba* L. , and *Cephalotaxus fortunei* Hook. f. etc.

【Instrument and drugs】

Microscope, glass slid, cover slip, dissecting needle, forceps, blade, culture dish, lens wiping paper.

【Experiment Methods】

1. Pinaceae

Observe external configuration of *Pinus massoniana* Lamb. or *P. thunbergii* Parl. outdoors. Evergreen trees, classified into two types the long shoots and the short shoots. Leaves acicular, two aciculas form one bundle. Needle leaves of *Pinus massoniana* Lamb. are longer and softer than those of *P. thunbergii* Parl. , scale leaves on the new shoot bud of *P. thunbergii* Parl. are silvery white, while those of *Pinus massoniana* Lamb. reddish brown. Male cones (staminate strobili) insert at the base of the same year new shoots, while female cones (ovulate strobili) inserting at the top.

Take up the female cones of *Pinus massoniana* Lamb. or *P. thunbergii* Parl. indoors, which shaped as ovate or conical ovate, there can be seen that separation of seminiferous scale from bract scale (except that in some plants of *Pinus*, separation occur when they are immature, but reunion when mature). On the ventral base of seminiferous scale, there are two seeds, bearing wings. Observe the features of apophysis and umbo with care.

Examine the male cone of *Pinus massoniana* Lamb. or *P. thunbergii* Parl. It is spicate, and composed of many stamens (microsporophyll), which arranged spirally; with each stamen containing two anther chambers, and connective broadening scale – formed, pollen grain possessing air sac.

2. Ephedraceae

Ephedra sinica Stapf, subshrub, diaecious, 30 – 60cm high, woody stems short, branchlets opposite or verticillate, longitudinal furrows not distinct. Leaves scale – shaped, membranous, with sheathing bases.

Dissect and observe male cone and female cone, and notice the following features: male cone (staminate strobilus) constituted of a few pair of bracts, with each bract containing 1 staminate flower, which composed of 2 – 8 stamens (microsporangia), filaments fused. Staminate flower wrapped in membranous false perianths, which bearing 2 – 4 lobes. Female cone (ovulate strobilus) consisted of numerous bracts, except that 1 – 3 sets of bracts on top containing pistillate flowers which possess cystoid false perianths ringent at its apex. Wrapped in the false perianths, the single ovule bears integumentary tube. Bracts flesh is red when maturing.

【Experiment Guides】

1. Laboratory Assignments

(1) Draw out the dorsal and ventral sections of macrosporophyll from *Pinus massoniana* Lamb. (Indicating such features as bract scale, apophysis, umbo and ovule)

(2) Prepare the anatomical map of female cone (ovulate strobilus) and male cone (staminate strobilus) of *Ephedra sinica* Stapf.

2. Questions

(1) Are there any real perianths in *Ephedra sinica* Stapf? Why?

(2) What are the main characters of gymnosperm?

(3) What are the main characters of Ephedraceae?

(4) What are the main characters of Pinaceae?

实验十八　被子植物——马兜铃科和蓼科

【实验目的】

1. 掌握马兜铃科、蓼科植物的主要特征。

2. 识别各科代表的药用植物。

【实验材料】

新鲜材料：马兜铃 *Aristolochia debilis* Sieb. et Zucc. 、齿果酸模 *Rumex dentatus*。另外

图 6-8　马兜铃

还有若干植物标本：木通马兜铃、杜衡、何首乌、药用大黄、虎杖等。

【实验器材、药品】

解剖镜、载玻片、镊子、培养皿、解剖针、刀片、擦镜纸。

【实验方法】

一、马兜铃科

取马兜铃植物观察。多年生缠绕草本，叶三角状卵形，基部心形。花两侧对称，花被管喇叭状，雄蕊 6，子房下位，柱头 6，蒴果（图 6-8）。

二、蓼科

取齿果酸模植物，观察其植物形态，特别注意其单叶互生，具膜质的托叶鞘，茎节常膨大等明显特征。

取其花于解剖镜下，边解剖边观察。花被片 6，两轮，试想它是单被花还是重被花？为什么？内轮花被在结果时增大，有明显网纹，边缘通常有不整齐的针刺状齿 4~5 对，全部有瘤状突起；雄蕊 6；子房三棱形，1 室，子房上位，花柱 3，柱头流苏状，有基生胚珠 1 枚（图 6-9）。

观察腊叶标本，总结马兜铃科、蓼科植物的特征。认识校园中的马兜铃科、蓼科植物。

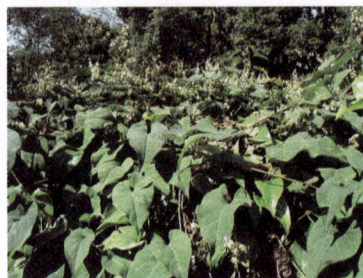

图 6-9　何首乌

【实验指导】

一、实验作业

1. 写出马兜铃的花公式，并绘出花图式。

2. 写出齿果酸模的花公式，并绘出花图式。

二、思考题

1. 马兜铃科的主要特征是什么？

2. 蓼科的主要特征是什么？

Experiment 18　Angiospermae——Aristolochiaceae and Polygonaceae

【The Aim and Demand】

1. Seize the primary characters Aristolochiaceae and Polygonaceae, repectively.

2. Understand the representative medicinal plants in each family.

【Experiment Material】

Fresh material: *Aristolochia debilis*, *Rumex dentatus*. Besides, there are some other plant species such as: *Aristolochia mandshuriensis*, *Asarum forbesii*, *Polygonum multiflorum Thunb.*, *Rheum officinale* Baill., *Polygonum cuspidatum* etc.

【Instrument and drugs】

Stereomicroscope, glass slid, cover slip, dissecting needle, forceps, blade, culture dish, lens wiping paper.

【Experiment Methods】

1. Aristolochiaceae

Observe *Aristolochia debilis* under a stereomicroscope, the evident characters are as follows: it is perennial twining herb, with blade in triangular ovate shape, and leaf base in cordate shape. Its flower is bilateral symmetric, with perianth tube in trumpet shape. There are 6 stamens. Inferior ovary, stigma 6. Capsule.

2. Polygonaceae

Pick up *Rumex dentatus*, and examine the plant configuration, pay special attention to the evident characters as follows: single leaf alternate, leaves with nodal membranaceous ocrea, nodes often bulged.

Dissect flower of *Rumex dentatus*, and observe under the anatomical lens, found that perianth 6, 2 whorled, just think is it a simple flower or double perianth flower, why?

The inner perianth augments when bearing fruit, with visible raticulate pattern, 4 ~5 paired irregular needle-like teeth usually occur on the margin of perianth, nodular prominence present in all the perianth; stamens 6, ovary prismatic, superior, with single loculus containing a single basal ovule, styles 3, stigma fringe-like.

Observe herbarium sheets, and make conclusion of characters of Aristolochiaceae and Polygonaceae. Know plant of Aristolochiaceae and Polygonaceae on campus.

【Experiment Guides】

1. Laboratory Assignments

(1) Write down the flower formula of *Aristolochia debilis*, and draw out its flower diagram.

(2) Write down the flower formula of *Rumex dentatus*, and draw out its flower diagram.

2. Questions

（1）What are the principal characters of Aristolochiaceae?

（2）What are the principal characters of Polygonaceae?

实验十九　木兰科和毛茛科

【实验目的】

1. 掌握木兰科、毛茛科植物的主要特征。

2. 识别各科代表的药用植物。

【实验材料】

新鲜材料：玉兰 *Magnolia denudate* Desr.、毛茛 *Ranunculus japonicus* Thunb.。另外还有若干植物标本：厚朴、南五味子、黄连、乌头、牡丹、芍药等。

【实验器材、药品】

解剖镜、载玻片、镊子、培养皿、解剖针、刀片、擦镜纸。

【实验方法】

一、木兰科

取玉兰花一朵解剖观察，边观察边记录。花单生，两性，花被片 9，注意其排列方式；雄蕊多数，螺旋着生于延长的花托上；心皮多数，分离，螺旋着生于花托上，子房上位，子房 1 室，内有 2 枚胚珠（图 6 - 10，图 6 - 11）。

图 6 - 10　玉兰　　　　　图 6 - 11　含笑花部结构

观察校园植物，其中哪些是属于木兰科的？在这些植物中有哪些特征是共同的，是属于木兰科科的特征？如花是否单生？花被片有无分化？雄蕊、雌蕊的数量？着生方式？果实类型？单叶互生吗？等，并做出总结。

二、毛茛科

观察毛茛的植物形态，毛茛是单叶互生吗？叶片是否分裂？花单生还是聚成花序？花被片是多少？有无分化？雄蕊、雌蕊的数量？着生方式？果实类型？仔细想一想，在毛茛科中您知道哪些较著名的中药材？图 6 - 12。

图 6 – 12 小毛茛

A. 植物 B. 花部解剖（C 花冠，G 雌蕊，A 雄蕊，K 花萼）

取毛茛花一朵解剖观察。萼片 5，花瓣 5，花瓣基部有一蜜腺；雄蕊多数；心皮多数分离，螺旋排列于延长的花托上，子房上位，一室，一胚珠。

【实验指导】

一、实验作业

写出玉兰、毛茛的花公式和花图式。

二、思考题

1. 木兰科与毛茛科有何异同？

2. 木兰科与毛茛科的哪些特征是属于原始的特征？

Experiment 19   Magnoliaceae and Ranunculaceae

【The Aim and Demand】

1. Seize the primary characters of plant of Magnoliaceae, Ranunculaceae, repectively.

2. Understand the representative medicinal plants in each family.

【Experiment Material】

Fresh material：*Magnolia denudata* Desr. , *Ranunculus japonicus* Thunb. , there are some other plant species such as：*Magnolia officinalos* Rehd. et Wils. , *Kadsura longipedunculata* Finet. et Gagnep. , *Coptis chinensis* Franch. , *Aconitum carmichaeli* Debx. , *Paeonia suffruticosa*, *P. lactiflora*, etc.

【Instrument and drugs】

Stereomicroscope, glass slid, cover slip, dissecting needle, forceps, blade, culture dish, lens wiping paper.

【Experiment Methods】

1. Magnoliaceae

Take up a flower of *Magnolia denudata* Desr. , dissect, observe and make notes. Flower simple, bisexual, and perianth 9; note its way of ranking. Numerous stamens, spiraled, are attached to an elongated receptacle. The Gynoecium is apocarpous, consisting of many helically disposed simple pistils. Each pistil has a superior ovary with a single locule and two ovules.

Careful inspection of campus plants, which attribute to Magnoliaceae, and among these plants what are common characters and belonging to the characteristics of Magnoliaceae? Pay attention to such questions as is flower solitary or not, is perianth undifferentiated? And number of androecium, pistil, and way of insertion, type of fruit, leaves alternate and simple or not? And make summation of your own.

2. Ranunculaceae

Observe the plant configuration of *Ranunculus japonicus* Thunb. , and note the following questions: leaves are simple and alternate or not, blades divided or not, flowers solitary or aggregation of inflorescence, number of perianth, differentiated or undifferentiated, number of androecium, gynoecium, fashion of attachment, type of fruit. Think it over, among Ranunculaceae, which are famous traditional Chinese medicinal materials?

Anatomize and observe a flower of *Ranunculus japonicus* Thunb. There are can be seen: sepals 5, petals 5, bearing nectaries at their bases, numerous stamens and carpels, apocarpous, spiraled, and attached to an elongated receptacle. Ovary is superior with one locules containing single ovule.

【Experiment Guides】

1. Laboratory Assignments

Write down the flower formulas of *Magnolia denudata* Desr. and *Ranunculus japonicus* Thunb. , and draw out thiers flower diagrams.

2. Questions

(1) Describe the sameness and distinction between Magnoliaceae and Ranunculaceae.

(2) Which characters of Magnoliaceae and Ranunculaceae belongs to the primitive ones?

实验二十　十字花科和蔷薇科

【实验目的】

1. 掌握十字花科、蔷薇科的主要特征。

2. 掌握蔷薇科四亚科的主要特征。

3. 识别各科代表的药用植物。

【实验材料】

新鲜材料：油菜 *Brassica chinensis*、三裂绣线菊 *Spiraea trilobata* Lindl.、多花蔷薇 *Rosa multiflora* Thunb.、桃花 *Prunus persica* L.、贴梗海棠 *Chaenomeles spinosa* Nakai。另外还有若干植物标本。

【实验器材、药品】

解剖镜、载玻片、镊子、培养皿、解剖针、刀片、擦镜纸。

【实验方法】

一、十字花科

取油菜花于解剖镜下解剖并观察。可见萼片4，仔细观察萼片是几轮着生的？花瓣4，十字形排列；雄蕊为四强雄蕊；子房上位，心皮2，合生，由假隔膜分为2室，侧膜胎座。胚珠多数（图6-13）。

观察校园中的十字花科植物，注意它们的花冠是怎样排列的？花序是何种花序？雄蕊什么类型？果实的类型是哪一种？

图6-13　油菜

A. 植物（示总状花序）　　B. 示四强雄蕊

二、蔷薇科

蔷薇科四亚科检索表

1. 果实开裂的蓇葖果，稀为蒴果；心皮1~5（~12），分离或连合，每心皮有2至多枚胚珠；托叶有或无 ·· （1）绣线菊亚科

1. 果实不开裂，具托叶

　2. 子房上位。

　　3. 心皮多数，生于膨大的花托上，每心皮有1~2枚胚株；果实的瘦果，稀为核果；复叶，或为单叶 ··· （2）蔷薇亚科

　　3. 心皮常为1个，少数2或5个，核果，萼片常脱落，单叶具托叶 ············· （3）梅亚科

　2. 子房下位或半下位；心皮2~5，多数与杯状花托内壁连合，果实为梨果。

　　 ··· （4）梨亚科

仔细观察、解剖三裂绣线菊、多花蔷薇、桃花、贴梗海棠的植物形态及花。

三裂绣线菊，花白色，萼片5，花瓣5，雄蕊多数，心皮5，分离，子房上位。

多花蔷薇，花粉白色，萼片5，花瓣5，雄蕊多数，心皮多数，分离，子房上位。想一想什么是蔷薇果？图6-14。

图6-14　月季（示花及子房位置）

桃花，花桃红色，萼片5，花瓣5，雄蕊多数，子房上位，心皮1枚，1室2胚珠。图6-15。

图6-15　桃（示花及子房位置）

贴梗海棠，花粉红色，萼片5，花瓣5，雄蕊多数，子房下位，心皮5，合生，5室，每室胚珠多数。图6-16。

图6-16　贴梗海棠（示花及子房位置）

以上四种植物分别属于哪一个亚科？

观察所提供的蜡叶标本，通过仔细的观察，总结出十字花科、蔷薇科的基本特征。

根据学过的知识，尝试鉴定教师提供的植物是属于哪一科的。

【实验指导】

一、实验作业

1. 写出油菜的花公式和花图式。

2. 写出三裂绣线菊、多花蔷薇、桃花、贴梗海棠的花公式和花图式。

3. 检索蔷薇科植物分别属于哪个亚科。

二、思考题

1. 十字花科有何特征？

2. 蔷薇科四亚科有何区别？

Experiment 20　Brassicaceae（Cruciferae）and Rosaceae

【The Aim and Demand】

1. Seize the primary characters of Brassicaceae, Rosaceae repectively.

2. Grasp the main characters of the four subfamilies in Rosaceae.

3. Understand the representative medicinal plants in each family.

【Experiment Material】

Fresh material：*Brassica chinensis.* Besides, *Spiraea trilobata* Lindl. , *Rosa multiflora* Thunb. , *Prunus persica* L. , *Chaenomeles spinosa* Nakai, there are some other plant species.

【Instrument and drugs】

Stereomicroscope, glass slid, cover slip, dissecting needle, forceps, blade, culture dish, lens wiping paper.

【Experiment Methods】

1. Brassicaceae

Pick up a flower of *Brassica chinensis*, dissect and observe under the anatomical lens, it is found：sepals 4 (examine for sepals, how many whorls do they inserted?）, petals 4, arranged in or forming a cross; tetradynamous stamen, ovary superior, 2-carpellate, syncarpous. Ovary divided into 2 loculi by false dissepiment, with parietal placenta and numerous ovules.

Careful inspection of plants of Brassicaceae in the campus, and give your attention to such problems as in what way do their corollas arranged, which inflorescence do they attribute to, what type do their androeciun belong to, and to which kind do their fruit pertain?

2. Rosaceae

Identification key of the four subfamilies in Rosaceae

1. Fruit a dehiscent follicle, seldom a capsule; carpels 1 – 5 (~ 12), apocarpous or syncarpous, 2 to numerous ovules of each carpel; stipules present or absent ·· (1) Spiraeoideae

1. Indehiscent fruit, bearing stipules

  2. Ovary superior

    3. Numerous carpels, occurred from the swollen receptacle, and each carpel contains 1 ~ 2 ovules; fruit a achene, seldom a drupe; leaves compound, or simple ·· (2) Rosoideae

    3. Carpels usually 1, seldom 2 or 5, fruit a drupe, sepals usually fall off, leaves simple with stipules ·· (3) Prunoideae

  2. Ovary inferior or half – inferior: carpels 2 ~ 5, usually inosculated with cup – like receptacles, fruit a pome ······························· (4) Maloideae

Dissect and observe carefully the plant configuration and flower of *Spiraea trilobata* Lindl. , *Rosa multiflora* Thunb. , *Prunus persica* L. , *Chaenomeles spinosa* Nakai respectively.

Spiraea trilobata Lindl. , flowers often white, sepals 5, petals 5, numerous stamens, ovary 5 – carpellate, apocarpous, superior.

*Rosa multiflora*Thunb. , flowers pink, sepals 5, petals 5, numerous stamens and carpels, apocarpous, ovary superior. Think over what cynarrhodion is.

*Prunus persica*L. , flowers peach, sepals 5, petals 5, numerous stamens, ovary 1 – carpellate, with single locules containing 2 ovules, superior.

Chaenomeles spinosa Nakai, flowers pink, sepals 5, petals 5, numerous stamens, ovary 5 – carpellate, inferior, syncarpous, 5 – loculi with each locules containing numerous ovules.

Which subfamily does the above four plants belong to respectively?

Taking stock of provided herbarium sheets, sum up the fundamental characters of Brassicaceae, Rosaceae respectively, through careful observation and compare.

Judging by the knowledge you have learned, try to identify the plant provided by teacher to confirm its family.

【Experiment Guides】

1. Laboratory Assignments

（1）Write down the flower formula of *Brassica chinensi*, and draw out its flower diagram.

（2）Write out the flower formula of *Spiraea trilobata* Lindl., *Rosa multiflora* Thunb., *Prunus persica* L., *Chaenomeles spinosa* Nakai, and draw out the thiers flower diagrams respectively.

（3）Making use of the subfamily key to retreival plants of Rosaceae and their subfamilies respectively.

2. Questions

（1）What characters do Brassicaceae possess?

（2）Describe the sameness and distinction among the four subfamilies in Rosaceae.

实验二十一　豆科、大戟科和锦葵科

【实验目的】

1. 掌握豆科、大戟科、锦葵科植物的主要特征。

2. 掌握豆科三亚科的主要特征。

3. 学会使用检索表，并会编写出简单的检索表。

4. 认知一定数据量的各科代表药用植物。

【实验材料】

新鲜材料：泽漆 *Euphorbia helioscopia* L.、木槿 *Hibiscus syriacus* L.、合欢 *Albizia julibrissin* Durazz.、紫荆 *Cercis chinensis* Bunge、槐 *Sophora japonica* L.。

另外有校园植物及大量的蜡叶标本。

【实验器材、药品】

解剖镜、载玻片、镊子、培养皿、解剖针、刀片、擦镜纸。

【实验方法】

一、豆科

豆科三亚科检索表

1. 花辐射对称，花瓣镊合状排列，通常在中下部合生；雄蕊通常为多数，稀与花瓣同数 ………………………………………………………………………………（1）含羞草亚科

1. 花两侧对称，花瓣覆瓦状排列；雄蕊定数，通常 10 枚。

　　2. 花冠为假蝶科；花瓣上升覆瓦状排列，即最上面的一片花瓣（旗瓣）位于最内方；雄蕊 10 枚或更少，通常离生 ……………………………………………………（2）云实亚科

　　2. 花冠蝶形；花瓣下降覆瓦状排列，即最上面的一片花瓣（旗瓣）位于最外方；雄蕊 10 枚，通常为二体雄蕊 ……………………………………………………………（3）蝶形花亚科

仔细解剖观察所提供的三种材料：合欢、紫荆（或云实）、槐，注意它们花的对称

情况如何？花瓣的卷叠方式？雄蕊的数量和类型？利用分亚科检索表确定这三种材料分别属于哪一个亚科。图6-17，图6-18。

图6-17 决明
A. 植物　B. 示雄蕊及雌蕊

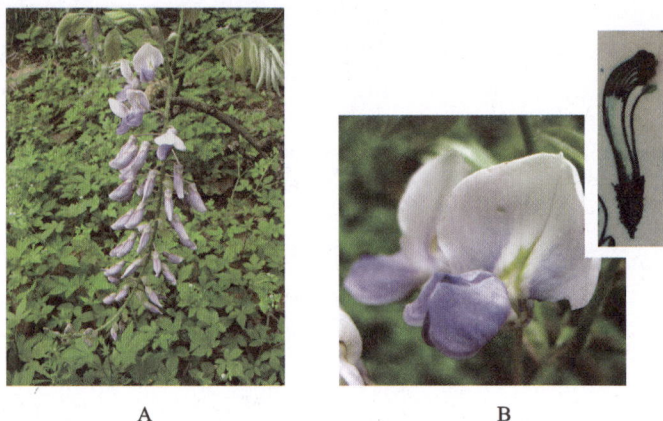

图6-18 多花紫藤
A. 植物体　B. 花部放大（示蝶形花冠及雄蕊）

根据实验情况，教师在校园附近采集一定数量的植物，这些植物分属于木兰科、毛茛科、十字花科、蔷薇科、豆科等，让同学利用课余时间编出这些植物的分科检索表。

观察蜡叶标本，尽可能多认知各个科的代表药用植物。

二、大戟科

取新鲜材料泽漆，观察花序结构。花序特异，是由多数杯状聚伞花序排列而成的多歧聚伞花序。总花序通常5歧聚伞状，有5伞梗，基部各生1叶状苞片，轮生。每伞梗再作3~4歧聚伞状分枝，有3~4小伞梗，基部有苞片3~4枚；每小伞梗又作1至多回二歧聚伞状分枝，分枝基部有小叶状苞片1对，分枝顶端着生杯状聚伞花序。

取一杯状聚伞花序，作解剖观察，可见杯状花序总苞钟形，顶端4浅裂，裂片间有肾状的腺体4枚，每个杯状花序内，中央有雌花一朵，无花被，子房有长柄，伸出总苞外，子房3室；雄花多数，每朵雄花仅具一枚雄蕊，无花被。子房柄、花丝与花柄间均有一关节（见图6-19）。

图 6 - 19　泽漆
A. 植物（示杯状聚伞花序）　B. 杯状花序示意图

三、锦葵科

取木槿花观察，两性，辐射对称，副萼 6 ~ 7 片，线性；花萼钟状，花冠钟状，花瓣 5，具爪，爪基部与雄蕊管合生；雄蕊多数，单体雄蕊；雌蕊 1，5 心皮合生，5 室，中轴胎座；胚珠多数；蒴果（见图 6 - 20）。

【实验指导】

一、实验作业

1. 写出合欢、紫荆、槐的花公式，并绘它们的花图式。

2. 写出泽漆雄花及雌花的花公式。并描述其杯状花序。

3. 写出木槿的花公式及花图式

二、思考题

1. 豆科三亚科有何区别？

2. 大戟科植物有何特点？

3. 锦葵科植物有何特点？

4. 试着用检索表检索一个未知植物。

图 6 - 20　黄蜀葵

Experiment 21　Fabaceae（Leguminosae），Euphorbiaceae and Malvaceae

【The Aim and Demand】

1. Command the main characteristics of Fabaceae，Euphorbiaceae and Malvaceae

respectively.

2. Grasp the main characters of the three subfamilies in Fabaceae.

3. Know how to use the identification key, and learn to write simple key.

4. Understand certain quantity of representative medicinal plants in each family.

【Experiment Material】

Fresh material: *Euphorbia helioscopia* L. , *Hibiscus syriacus* L. , *Albizia julibrissin* Durazz. , *Cercis chinensis* Bunge, *Sophora japonica* L. In addition, there are many herbarium sheets and campus plants.

【Instrument and drugs】

Stereomicroscope, glass slid, cover slip, dissecting needle, forceps, blade, culture dish, lens wiping paper.

【Experiment Contents】

1. Fabaceae

Identification key of the three subfamilies in Fabaceae

1. Flowers actinomorphic, petals valvate aestivation, usually adnated each other on the middle and lower parts of petals; stamens usually many, seldom equal to the amount of petals ··· (1) Mimosoideae

1. Flowers zygomorphic, petals rank in imbricate aestivation; definite number of stamens, usually 10.

2. Pseudopapilionaceous corollas; petals arrange in ascending imbricate aestivation, that is the sepal (vexillum) at the topsidelocates in the innermost; stamens 10 or less, usually adelphous ···································· (2) Caesalpinioideae

2. Papilionaceous corollas; petals arrange in descending imbricate aestivation, that is the sepal (vexillum) at the topsidelocates in the outmost, stamens 10, usually didelphous ·· (3) Papilionoideae

Carefully anatomize and observe the three provided materials: *Albizia julibrissin* Durazz. , *Cercis chinensis* Bunge, *Sophora japonica* L. respectively, while paying special attention to the following questions: symmetrical manner of flowers, fashion of aestivation, amount and type of stamens. Make use of subfamily identification key to ascertain the above materials to their subfamilies respectively.

According to the experiment instance, gathering certain amount of plants around campus, which belong to Magnoliaceae, Ranunculaceae, Brassicaceae, Rosaceae and Fabaceae etc. respectively, to have students organize the subfamily identification keys to the above plants after school.

Careful inspection of herbarium sheets, understand as possible as you can certain quantity of representative medicinal plants in each family.

2. Euphorbiaceae

Take up fresh material of *Euphorbia helioscopia* L. , examine the structure of inflorescences, and found that inflorescences are differential, pleiochasium that are composed of numerous ranked cyathium.

The compound raceme is usually pleiochasium, with 5 umbellar stalks, whorled with 1 foliar bractoccurring from stalk base respectively. Each umbellar stalk again turns into 3 ~ 4 diverges of cymes, bearing 3 ~ 4 umbellar sterigmata, at each base of which 1 bract presents; again each umbellar sterigmata makes into 1 to many times of dichasium, and a pair of foliar bracts occur from bifurcation base, at the apex of bifurcation cyathium presents itself.

Dissect a cyathium, found that a cup – like involucre, 4 – lobed at the top of which, between lobes there are 4 kidney shaped glands. In the center of each cyathium, there is 1 pistillate flower, perianths absent, and ovary 3 locules, bearing 1 long stalk, which shoots out of the involucre. Many staminate flowers, and each possess single androecium only, and no perianths. Between filament and floral shoot, there often exists a joint.

3. Malvaceae

Take up flower of *Sophora japonica* L. and observe under a microscope, which is bisexual and actinomorphic. The accessory calyxes are 6 ~ 7, linear shaped, and calyx is campanulate. Corolla is campanulate, consisting of 5 petals, which possessing claws. The base of claw grows on staminal tube. There are many stamen which turn out to be monadelphous. There is one pistil consisting of 5 carpel, and ovary 5 locules. Axile placenta. There are many ovules in ovary. Capsule.

〖Experiment Guides〗

1. Laboratory Assignments

(1) Write out the flower formulas of *Albizia julibrissin* Durazz. , *Cercis chinensis* Bunge, *Sophora japonica* L. , and draw out theirs flower diagrams.

(2) Stick down the flower formula ofstaminate flower and fertile flower of *Euphorbia helioscopia* L. respectively, and depict its cyathium.

(3) Write out the flower formula and the flower diagram of *Hibiscus syriacus*.

2. Questions

(1) What are the differences among the three subfamilies Fabaceae?

(2) What characteristics does Euphorbiaceae bear?

(3) What characteristics does Malvaceae bear?

（4）Try to retrieval one unknown plant making use of key.

实验二十二　五加科和伞形科

【实验目的】

1. 掌握五加科、伞形科的主要特征。

2. 熟练使用检索表，并能利用检索表检索未知植物。

3. 认识一定数量的各科代表药用植物。

【实验材料】

新鲜材料：刺五加 *Acanthopanax senticosus* Harms 或楤木 *Aralia chinensis* L.、野胡萝卜 *Daucus carota* L.。

另有校园植物及蜡叶标本。

【实验器材、药品】

解剖镜、载玻片、镊子、培养皿、解剖针、刀片、擦镜纸。

【实验方法】

一、五加科

取刺五加或楤木的花于解剖镜下解剖、观察，注意萼片几枚？分离或合生？花瓣几枚？分离或合生？雄蕊几枚？花盘的位置如何？子房上位或下位？图6-21。

二、伞形科

取野胡萝卜的花序观察，可知为复伞形花序，取其中的一个伞形花序，并认知伞形花序。取伞形花序中的花一朵（不要取花序边缘的花，因为边缘的花常为装饰花）于解剖镜下解剖、观察。可见萼片5裂，花瓣5，分离；雄蕊5枚；子房下位，2心皮合生，2室，每室胚珠1。仔细观察花柱，可见花柱2，其基部具膨大成盘状或短圆状的花柱基（图6-22）。

图6-21　八角金盘（示伞形花序）

图6-22　野胡萝卜（示花序及雌蕊结构）

仔细观察蜡叶标本，认知一定数量的各科代表药用植物。认知校园中其他的五加科、伞形科的植物，不确定的可使用检索表。

【实验指导】

一、实验作业

1. 写出刺五加（或楤木）的花公式，并绘花图式。

2. 写出野胡萝卜的花公式，并绘花图式。

二、思考题

1. 五加科与伞科的植物特征有何异同?

2. 校园中的伞形科植物有哪些?

Experiment 22　Araliaceae and Apiaceae (Umbelliferae)

【The Aims and Demand】

1. Master the primary characters of plant flower in Euphorbiaceae, Araliaceae and Umbelliferae (Apiaceae) respectively.

2. Be capable of adroitutilizing identification key in doing survey for unknown plants to their families and genus respective.

3. Understand certain amount of representative medicinal plants in each family.

【Experiment Material】

Fresh material: *Acanthopanax senticosus* Harms or *Aralia chinensis* L., *Daucus carota* L., in addition, there are many herbarium sheets and campus plants.

【Instrument and drugs】

Stereomicroscope, glass slid, dissecting needle, forceps, blade, culture dish, lens wiping paper.

【Experiment Contents】

1. Araliaceae

Pick up the flower of *Acanthopanax senticosus* Harms or *Aralia chinensis* L., observe and dissect under the anatomical lens, while paying attention to the following questions: number of sepals, distinct or coadunate; number of petals, distinct or coadunate; number of androecium, position of disk, ovary superior or inferior?

2. Apiaceae (Umbelliferae)

Examine the inflorescence of *Daucus carota* L., found it is the compound umbel, and take up one of umbel (do not pick up flower from the margin of inflorescence, for which is usually a decorating one) for observation under the anatomical lens.

There can be seen that sepals 5, petals 5, often separated, stamens 5, ovary inferior, 2 – carpellate, syncarpous, bilocular with singleovule each; style 2, with the base inflated into a discal or flat orbicular shaped stylopodium.

Examine herbarium sheetscarefully; understand some amount of representative medicinal plants in each family. Know some other campus plants in the family of Araliaceae and Umbelliferae respectively, if uncertain of their family, try to make use of the key.

【Experiment Guides】

1. LaboratoryAssignments

(1) Stick down the flower formula of *Acanthopanax senticosus* Harms (or *Aralia chinensis* L.). and chart out its flower diagram.

(2) Get down the flower formula of *Daucus carota* L. , and chart out its flower diagram.

2. Questions

(1) Describe the sameness and distinction between Araliaceae and Apiaceae.

(2) Which plants on campus are Apiaceae?

实验二十三　唇形科，茄科和玄参科

【实验目的】

1. 掌握唇形科、茄科、玄参科的主要特征。

2. 识别一定数量的各科代表药用植物。

【实验材料】

新鲜材料：益母草 *Leonurus japonicus* Houtt、宁夏枸杞 *Lycium barbarum* L.、泡桐 *Paulownia fortunei* (Seem) Homsl。

另有蜡叶标本及校园植物。

【实验器材、药品】

解剖镜、载玻片、镊子、培养皿、解剖针、刀片、擦镜纸。

【实验方法】

一、唇形科

取益母草，观察它的轮伞花序。取花一朵于解剖镜下解剖、观察。可见：花萼钟形，5裂，花冠二唇形，上唇全缘，下唇3裂，其中中裂片倒心形；雄蕊4，二强雄蕊，着生在花冠上；子房上位，2心皮合生，4个子房室（图6-23）。

图 6 – 23　益母草

A. 植物　B. 花放大　C. 花部解剖图（示二强雄蕊）

二、茄科

取枸杞的花于解剖镜下解剖观察。花萼杯状，5 裂，花冠由 5 个花瓣组成，连合；雄蕊 5 枚；雌蕊 2 心皮组成，子房室 2，胚珠多数。另注意观察枸杞花的着生情况及果实的类型（图 6 – 24）。

三、玄参科

取泡桐花于解剖镜下解剖观察。注意以下几个问题：花冠的类型？由几枚花瓣组成？雄蕊几枚？着生在何处？子房几室？判断出心皮是几枚。见图 6 – 25。

图 6 – 24　枸杞（示花及果实）

图 6 – 25　泡桐（示花）

鉴定出两种植物到科。（一种属于唇形科，一种属于玄参科。）

【实验指导】

一、实验作业

1. 写出益母草的花公式，并绘其花的解剖结构图。

2. 写出枸杞的花公式，并绘出其花图式。

3. 写出泡桐的花公式，并绘出其花图式。

二、思考题

1. 唇形科有何特征?

2. 益母草雌蕊心皮 2 枚,子房室为何是 4 个?

3. 茄科有何特征? 与旋花科有何区别?

4. 玄参科与茄科有何区别?

Experiment 23　Labiatae（Lamiaceae）, Solanaceae and Scrophulariaceae

【The Aim and Demand】

1. Commend the floral main characteristics of plants in Labiatae（Lamiaceae）, Solanaceae, and Scrophulariaceae.

2. Learn torecognize certain quantity of representative medical plants in each family.

【Experiment Material】

Fresh material: *Leonurus japonicus* Houtt, *Lycium barbarum* L. , *Paulownia fortunei*（Seem）Homsl, in addition, there are many herbarium sheets and campus plants.

【Instrument and drugs】

Stereomicroscope, glass slid, cover slip, dissecting needle, forceps, blade, culture dish, lens wiping paper.

【Experiment Contents】

1. Labiatae（Lamiaceae）

Pick up *Leonurus japonicus* Houtt, and examine its verticillaster. Dissect the flower under the anatomical lens, note as follows: sepals present in shape of bell, 5 – lobed; corolla 2 – lipped, division absent in the upper lip, the lower lip 3 – lobed, with the mid – lobe obcordate; stamens 4, didynamous stamens, adnate to corolla, ovary superior, 2 – carpellate, syncarpous, with 4 locule.

2. Solanaceae

Dissect flowers of *Lycium barbarum* L. under the anatomical lens, and notice the features of flowers as such: sepals present in cup – shaped, 5 – lobated; corolla of 5 petals, united; stamens 5, pistil of 2carpels, ovary bilocular, with numerous ovules. Besides, pay attention to insertion of flowers of *Lycium barbarum* L. and type of fruit

3. Scrophulariaceae

Observe flower of *Paulownia fortunei*（Seem）Homsl under the anatomical lens, and pay attention to the following questions: type of corolla, number of petals （forming into corolla）; number of stamens, and location of stamen insertion; number of loculus in ovary, and number of carpels.

Identify the two designated plants on the experiment table（one belongs to Labiatae, and the other to Scrophulariaceae）to their families respectively.

【Experiment Guides】

1. Laboratory Assignments

（1）Write out the flower formula of *Leonurus japonicus* Houtt, and draw out the anatomical structural diagram of its flowers.

（2）Write out the flower formula of *Lycium barbarum* L. , and map out its flower diagram.

（3）Write out the flower formula of *Paulownia fortunei*（Seem）Homsl, and chart its flower diagram.

2. Questions

（1）What characters do Labiatae possess?

（2）The pistil of *Leonurus japonicus* Houtt has 2 carpels, then why does it have 4 loculi?

（3）What are the characters of Solanaceae, and what are the differences between the former and Convolvulaceae ?

（4）What is the distinction between Scrophulariaceae and Solanaceae?

实验二十四 桔梗科和菊科

【实验目的】

1. 掌握桔梗科、菊科植物的主要特征。

2. 识别一定数量的各科代表药用植物。

【实验材料】

新鲜材料：杏叶沙参 *Adenophora stricta* Miq. 、野菊 *Dendranthema indicus* L. 。

另有蜡叶标本若干及校园植物。

【实验器材、药品】

解剖镜、载玻片、镊子、培养皿、解剖针、刀片、擦镜纸。

【实验方法】

一、桔梗科

取杏叶沙参（或桔梗等其他桔梗科植物）的花于解剖镜下解剖观察。花萼5裂，花冠钟形，蓝色，5浅裂；雄蕊5；子房下位，3室，中轴胎座。观察其植物形态，折断其茎或叶柄，可见白色乳汁。叶有基生叶与茎生叶之分，茎生叶卵形至卵圆形。根呈圆锥状。总状花序（图6-26，图6-27）。

 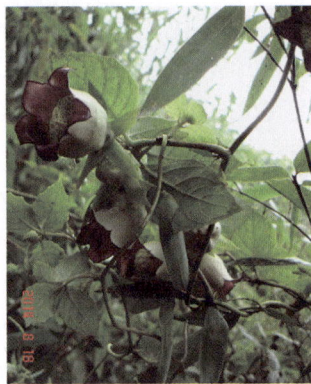

图6-26　桔梗　　　　　　　　　　图6-27　四叶参

二、菊科

观察野菊花的花序。总苞片边缘膜质，总苞片2~3层。有舌状花、管状花两种。舌状花黄色，为雌性花，花冠不裂，柱头2裂，注意有无萼片？管状花两性，纵切开花冠筒，可见有5个雄蕊，且为聚药雄蕊；柱头2裂，子房下位，1室，1胚珠。注意管状花有无萼片？图6-28。

 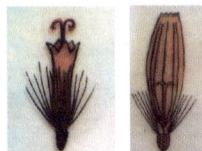

图6-28　野菊花
A. 植物　B. 管状花示意图　C. 舌状花示意图　D. 聚药雄蕊

观察小蓟（*Cirsium segetum* MB.）、红花（*Carthamus tinctorius* L.）、蒲公英（*Taraxacum mongolicum* Hand. - Mazz.）等植物的头状花序，想一想，它们与野菊花的花序有何不同？

【实验指导】

一、实验作业

1. 写出杏叶沙参的花公式，并检索到科。

2. 写出野菊的花公式，并绘其舌状花、管状花的纵剖面图。

二、思考题

1. 桔梗科的特征是什么？

2. 菊科的有何特征？舌状花亚科和管状花亚科有何区别？

Experiment 24　Campanulaceae and Asteraceae（Compositae）

【The Aim and Demand】

1. Grasp the main characteristics of plants in Campanulaceae and Compositae (Asteraceae)

2. Learn torecognize certain quantity of representative medical plants in each family.

【Experiment Material】

Fresh material：*Adenophora stricta* Miq. , *Dendranthema indicus* L. , in addition, there are many herbarium sheets and campus plants.

【Instrument and drugs】

Stereomicroscope, glass slid, cover slip, dissecting needle, forceps, blade, culture dish, lens wiping paper.

【Experiment Contents】

1. Campanulaceae

Take upflower of *Adenophora stricta* Miq. , anatomize and observe under the anatomical lens. Note the characters as follows：sepals 5 divisions；corolla of bell shape, often blue, 5-lobated；stamens 5；ovary 3-locular, inferior, with axile placenta. On conditioned circumstance, make observation of its plant configuration；break off the basal stem or petiole, found milky latex. The leaf is divided into basal leaf and cauline leaf, which takes ovate shape. The root is in the similar shape of cone；inflorescence of raceme.

2. Asteraceae（Compositae）

Observe the inflorescences of *Dendranthema indicus* L. and note the following characters：involuicral bracts 2 – 3 layers, with membranaceous edges；flowers fall into ligulate and tubulous type, the former often yellow, pistillate flower, corolla united, stigma 5 – lobed, notice if or not there is any sepal? Tubulous flowers bisexual, and cut the corolla tube longitudinally, there can be seen 5 stamens, which are syngenesious stamens, stigma 2-lobed, ovary inferior, and uniloculate with a single ovule. Note that is there any sepal?

Again, observe the capitulum of *Cirsium segetum* MB., *Carthamus tinctorius* L., and *Taraxacum mongolicum* Hand. – Mazz. ect., and bestow a thought on the distinguishing characters of inflorescences between the former and *Dendranthema indicus* L.

【Experiment Guides】

1. Laboratory Assignments

（1）Write out the flower formula of *Adenophora stricta* Miq., and make retrieval to the family.

（2）Write out the flower formula of *Dendranthema indicus* L, and draw out its longitudinal profile chart of ligulate and tubulous flowers.

2. Questions

（1）What are the characters of Campanulaceae?

（2）What are the characters of Asteraceae? And what is the distinction between Liguliflorae and Tubuliflorae?

实验二十五　禾本科、百合科和天南星科

【实验目的】

1. 掌握各科植物的主要特征。

2. 识别一定数量的各科代表药用植物。

3. 能熟练使用检索表，检索未知植物到科、属。

【实验材料】

新鲜材料：小麦 *Triticum aestivum* L.、浙贝母 *Fritillaria thunbergii* Miq.、半夏 *Pinellia ternate* Breit。腊叶标本若干。

【实验器材、药品】

解剖镜、载玻片、镊子、培养皿、解剖针、刀片、擦镜纸。

【实验方法】

一、禾本科

观察小麦原植物。杆具明显的节和节间；叶由叶鞘、叶片、叶舌、叶耳组成，注

意叶耳、叶舌存在何处？根为须根系。认识麦穗，即复穗状花序，它是由许多小穗，即穗状花序构成，小穗由 3 ~ 5 朵小花组成。小穗下具外颖、内颖，每一小花外有外稃、内稃，外稃硬质，顶端有芒，内稃膜质，两边内卷，浆片（花被片）2，很小；雄蕊 3，花药丁字着生；雌蕊 1，柱头 2，羽毛状，子房上位，2 ~ 3 心皮合生，1 室，1 胚珠。颖果（图 6 - 29）。

图 6 - 29 小麦
1. 植物 B. 花部解剖示意图

二、百合科

取浙贝母的花解剖。为典型的三出数五轮花，花被片 6，2 轮，是否有花萼、花瓣的区分？图 6 - 30。雄蕊 6，2 轮；子房上位，3 心皮合生，3 室，中轴胎座（图 6 -31），胚珠多数。

图 6 - 30 浙贝母   图 6 - 31 百合的中轴胎座

三、天南星科

观察半夏的植物形态，注意下列特征：块茎球形，叶 3 全裂，佛焰花序，花单性，无花被，雄花生于花序上部，雄蕊 5 枚，雌花生于花序下部，1 室 1 胚珠。花序顶端延伸的附属物鞭状，伸出佛焰苞外（图 6 - 32 及图 6 - 33）。

【实验指导】

一、实验作业

1. 写出小麦花公式，并绘出小穗结构简图。

2. 写出浙贝母花公式，并绘其花图式。

3. 写出半夏雄花、雌花的花公式。

图 6 – 32　半夏

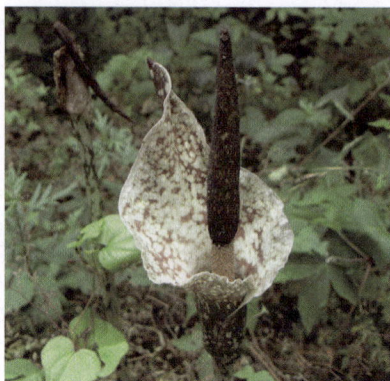

图 6 – 33　蛇头草（示佛焰花序）

二、思考题

1. 禾本科与莎草科有何异同？

2. 百合科的特征是什么？

3. 半夏属与天南星属有何区别？

Experiment 25　Gramineae（Poaceae），Liliaceae and Araceae

【The Aim and Demand】

1. Master the floral main characters of plant in each family.

2. Recognize certain quantity of representative medical plants in each family.

3. Be capable of adroitutilizing identification key in doing survey for unknown plants to their families and genus respective.

【Experiment Material】

Fresh material：*Triticum aestivum* L. , *Fritillaria thunbergii* Miq. , *Pinellia ternate* Breit, there are many herbarium sheets.

【Instrument and drugs】

Stereomicroscope, glass slid, cover slip, dissecting needle, forceps, blade, culture dish, lens wiping paper.

【Experiment Contents】

1. Poaceae

Examine the plant of *Triticum aestivum* L. , found that wheat straw possesses evident nodes and internodes; and the leaf composed of leaf sheath, blade, ligulate and auricle. Note where does ligulate and auricle occur? The root is belonging to fibrous root system.

Learn to recognizeear that is the compound spike, consisted of lots of spikelet, which is called the spike. The spikelet, composed of 3 – 5 flowerets, under of which bearing outer glume and inner glume, and to the external of each floweret exist inferior palea and palea. The inferior palea is stereoplasm, with aristae on its top end, while the palea is membranaceous with both sides involution. Lodicules 2, usually very small; stamens 3; anther of versatile, pistil 1, stigmata 2, presenting featheriness – shaped; ovary superior, carpels 2 – 3, syncarpous, with 1 locules containing single ovule; and fruit a caryopsis.

2. Liliaceae

Anatomize flower from *Fritillaria thunbergii* Miq. , it is visible that the typical trimerous (having flower parts in sets of three) five-whorl flower; perianth of 6 lodicules, with 2 whorls; stamens 6, with 2 whorls; ovary superior, 3-carpellate, syncarpous, with 3 loculi ; axile placenta and numerous ovules. Whether or not there is distinction between sepal and petal?

3. Araceae

Examine the conformation of *Pinellia ternate* Breit, and note the following characteristics: tuber often presents globular, leaves 3, divided; inflorescence a spadix enveloped or subtended by a single spathe; flower unisexual, perianth absent. Staminate flower grow out of the upper portion of inflorescence, with 5 of stamens, while pistillate flower locating in the lower part, with single loculus and ovules. Appendage of elongated apex of inflorescence presents whiplike, extending out of the spathe.

【Experiment Guides】

1. Laboratory Assignments

(1) Write down the flower formula of *Triticum aestivum* L. , and sketch the structure of spikelet.

(2) Draw up the flower formula of *Fritillaria thunbergii* Miq. , and draw its flower diagram.

(3) Write out the flower formula of the staminate flower and the pistillate flower from*Pinellia ternate* Breit respectively.

2. Questions

（1）Depict the similarities and the dissimilarities between Poaceae and Cyperaceae.

（2）What are the characters of Liliaceae?

（3）What is the distinction of between *Pinellia* and *Arisaema*?

实验二十六 薯蓣科，姜科和兰科

【实验目的】

1. 掌握各科植物的主要特征。

2. 识别一定数量的各科代表药用植物。

3. 能熟练使用检索表，检索未知植物到科、属。

【实验材料】

新鲜材料：薯蓣 *Dioscorea opposite* Thunb、姜 *Zingiber officinale* Rosc.、白及 *Bletilla striata*（Thunb.）Reichb. f.。腊叶标本若干。

【实验器材、药品】

解剖镜、载玻片、镊子、培养皿、解剖针、刀片、擦镜纸。

【实验方法】

一、薯蓣科

观察薯蓣原植物，多年生缠绕性草本，根状茎肉质，圆柱形；叶腋常有珠芽（零余子）（图6-34）；雌雄异株，雄花花被片6，雄蕊6；雌花3心皮合生，子房下位；蒴果。

二、姜科

观察姜原植物，多年生草本，根茎断面黄色，辛辣；穗状花序由根茎抽出，被以覆瓦状的鳞片，苞片淡绿色；花冠黄绿色；发育雄蕊1；子房下位，3室，胚珠多数；蒴果（图6-35）。

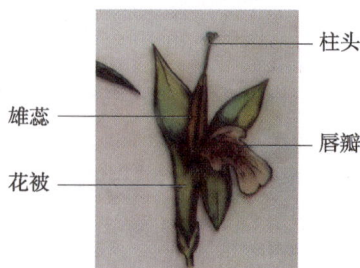

图6-34 薯蓣   图6-35 姜花部结构示意图

三、兰科

观察白及植物标本，基部有假鳞茎，块茎状。总状花序顶生，花大，紫红色。解剖其花，可见：萼片3，花瓣状，花瓣3，其中唇瓣大，3裂，合蕊柱前伸，两侧有翅，雄蕊1，花丝极短，具花粉块。子房下位，3心皮，1室，胚珠极多（图6-36，图6-37）。

图6-36 白及

合蕊柱

唇瓣

图6-37 大花蕙兰（示花）

【实验指导】

一、实验作业

1. 写出薯蓣的花公式和花图式。

2. 写出姜的花公式和花图式。

3. 写出白及的花公式，并检索到科。

二、思考题

1. 薯蓣科的特征是什么？

2. 姜科的特征是什么？

3. 兰科的主要特征为何？何为合蕊柱？

Experiment 26　Dioscoreaceae，Zingiberaceae and Orchidaceae

【The Aim and Demand】

1. Master the floral main characters of plant in each family.

2. Recognize certain quantity of representative medical plants in each family.

3. Be capable of adroitutilizing identification key in doing survey for unknown plants to their families and genus respective.

【Experiment Material】

Fresh material：*Dioscorea opposite* Thunb. ，*Zingiber officinale* Rosc. ，*Bletilla striata* （Thunb. ）Reichb. f. There are many herbarium sheets.

【Instrument and drugs】

Stereomicroscope，glass slid，cover slip，dissecting needle，forceps，blade，culture dish, lens wiping paper.

【Experiment Contents】

1. Dioscoreaceae

Observe plant of *Dioscorea opposite* Thunb. Perennial twining herb, fleshy rhizome, clinder-shaped; leaf axil usually has bulbil; dioecism, staminate flower has 6 tapels; 3 capels connated ovary of pistil, interior ovary; capsule.

2. Zingiberaceae

Observe plant of *Zingiber officinale* Rosc. Perennial herb, section of rhizome is yellow with an acromatic smell; spike drew out from rhizome, covered with imbricated squama, bract is light-green. Corolla is yellow-green. Fertile stamen 1; inferior ovary, locules 3, with serval ovules; Capsule.

3. Orchidaceae

Examine the specimen of *Bletilla striata* (Thunb.) Reichb. f., found pseudobulb at its base, presenting tubosity. Flowers often large and purple, raceme of inflorescence arises at its top; sepals 3, in the shape of petal-like, petals 3, with a big labellum, divisions 3; gynandrium set forward, 2 wings on the lateral; and stamens 1, filaments very short, bearing pollen mass; ovary inferior, carpels 3, with uniloculate and numerous ovules.

【Experiment Guides】

1. Laboratory Assignments

(1) Write down the flower formula of *Dioscorea opposite* Thunb., and draw its flower diagram.

(2) Write down the flower formula of *Zingiber officinale* Rosc., and draw its flower diagram.

(3) Write out the flower formula of *Bletilla striata* (Thunb.) Reichb. f., and make retrieval to the family.

2. Questions

(1) What are the characters of Dioscoreaceae?

(2) What are the characters of Zingiberaceae?

(3) What is the primary character of Orchidaceae, and what is the gynandrium?

实验二十七　植物分类学综合实验

【实验目的】

通过本实验，让学生应用已学过的植物学知识，观察植物，解剖植物的花部及果实特征，在实践中理解和掌握植物学的基本概念和理论，并通过查找文献及使用检索表来鉴定植物。同时，学会初步的植物资源野外调查工作。

【实验材料】

校园及附近植物。

【实验内容】

仔细观察校园植物的形态特征，包括植物的生境、物候期，重点观察每种植物的器官的特点，在观察中熟悉、掌握植物学概念，为正确地识别、鉴定植物打好基础。

一、校园植物的调查

每位同学在校园中任选 10 种植物，仔细观察、记录、解剖。并查阅参考书及检索表来鉴定植物，最好能检索到属甚至种。

二、野外植物资源调查

利用课余时间进行野外药用植物资源调查，如本地区伞形科药用植物的调查，本地区方山菊科药用植物的调查等，这项工作可以多人一组。

【实验指导】

一、实验作业

1. 写出 10 种植物的检索路线及名称。

2. 写出你的专项野外药用植物资源调查的调查报告。

二、思考题

1. 学习植物分类学对你的专业有何帮助？

2. 请你叙述几种现代植物分类学的实验方法？

Experiment 27　Comprehensive Experiment of Plant Taxonomy

【The Aim and Demand】

Through this experiment, to have students applying the knowledge of plant taxonomy to study plant, to grasp the floralant fruit characters by anatomy. Through practicing to make them grasp and understand the basic concepts and theories of plant, in addition letting them identify plant using literature retrieval and identification key. On the meanwhile, to make them master the method for field investigation of plant resource.

【Experiment Material】

Plant in or around the campus.

【Experiment Contents】

Make carefull observation of morphological feathures of plant in or around the campus , including ecotope and phonological phase of plant. Pay special attention to characters of each plant organ, familiarizing and understanding of concepts of plant through observation, and to build foundation for identification and recognition of plant correctly.

1. Field investigation of plant on campus

Every student chooses ten plants at random in the campus, and make careful observation, note and anatomy. Forever more, you should identify plants using literature retrieval and identification key, and you may as wellsearch out their genus or even species respectively.

2. Field investigation for resources of medical plants

And after school, you maydo field investigation for resources of medical plants, for example, survey for umbelliferae medical plants in your region, or compositae medical plants in region of Fangshan mountain in your region. You can do such work in groups.

【Experiment Guides】

1. Laboratory Assignments

（1）Write out retrieval ways for 10 plants and their names.

（2）Write out your special field investigation report for the resource of medical plants.

2. Questions

（1）In what way to help you in your major by learning the plant taxonomy?

（2）How many experiment methods, could you describe, that applied in the modern plant taxonomy?

附　录

1. F. A. A 固定液（又称万能固定液）

福尔马林（36% ～40%）	5ml
冰醋酸	5ml
70% 乙醇	90ml

幼嫩材料用 50% 乙醇代替 70% 乙醇，可防止材料收缩；还可以加入 5ml 甘油（丙三醇）以防蒸发和材料变硬。此液兼有保存剂的作用。

2. 甘油—乙醇软化剂

甘油	1 份
50% 或 70% 乙醇	1 份

适应于木材的软化，木质化根、茎经固定后，可用此液隔水蒸煮 24 小时，可长期保存备用。

3. 铬酸—硝酸离析液

铬酸为三氧化铬的水溶液。

A 液：铬酸　10ml　　　　　　　B 液：浓硝酸　10ml
蒸馏水　90ml　　　　　　　　　　蒸馏水　90ml

将 A 液、B 液等量混合即得。

适用于对导管、管胞、纤维等木质化的组织进行解离时使用。

4. 铁醋酸洋红染剂

洋红	1g
冰醋酸	90ml
蒸馏水	110ml

取冰醋酸 90ml 加入 110ml 蒸馏水中煮沸，取下后立即加入 1g 洋红，搅拌，使之迅速冷却并过滤，再加入数滴醋酸铁或氢氧化铁媒染剂的水溶液，至颜色变为红葡萄酒色即可。注意铁剂不要加得太多，否则洋红会发生沉淀。

如无洋红（胭脂红），可用地衣红代替，配法同洋红。

5. 龙胆紫染剂

取 0.2g 龙胆紫溶于 100ml 蒸馏水中,现常以结晶紫代替。也可用医用紫药水稀释 5 倍后代用。

6. 番红水液

(1)番红水液:取 0.1g、0.5g 或 1g 番红溶于 100ml 蒸馏水中,过滤得三种不同浓度染液。

(2)番红酒液:取 0.1g、0.5g 或 1g 番红溶于 100ml50% 乙醇中,过滤后,即可得三种不同浓度的染液。

番红是一种碱性染料。可使木质化、栓质化、角质化的细胞壁及细胞核中的染色质染成红色。在植物制片中常与固绿配合进行对染。

7. 固绿染液

取 0.1g 或 0.5g 固绿溶于 100ml95% 乙醇中,过滤后使用。

8. 曙红或真曙红染液

取曙红或真曙红 0.25g 溶于 100ml95% 乙醇中。

9. 中性红溶液

取中性红 0.1g 溶于 100ml 蒸馏水中,用时再稀释 10 倍左右,用于染细胞中的液泡,可鉴定细胞的死活。

10. 钌红染液

取 5mg ~ 10mg 钌红溶于 25 ~ 50ml 蒸馏水中即可。现用现配。是细胞中层的专性染料。

11. 碘—碘化钾溶液

先取 3g 碘化钾溶于 100ml 蒸馏水中,再加入 1g 碘,溶解后即可使用。

12. 苏丹Ⅲ溶液

取 0.1g 苏丹Ⅲ,溶解于 10ml95% 乙醇中,过滤后,再加入 10ml 甘油。

13. 间苯三酚溶液

取 5g 间苯三酚,溶解于 95% 乙醇 100ml 中即得。(如溶液呈黄褐色即失效)。

14.1% 甘油明胶溶液

取明胶 1g 徐徐加入微温的 100ml 蒸馏水中,待完全溶解后,加入 2g 石碳酸结晶、15ml 甘油,搅拌,使完全溶解,滤过,储于玻璃塞瓶中。

用于石蜡切片中的蜡片粘贴于载玻片上。

15. 加拿大树胶封藏剂

取加拿大树胶适量,溶于适量二甲苯中,加入数粒豆粒大小的大理石(中和树胶因放置产生的酸性,以免使切片褪色),即得。

16. 水合氯醛试液

取水合氯醛 50g,加蒸馏水 15ml 与甘油 10ml 使溶解,即得。此为常用的透化剂,能使细胞组织透明清晰,能溶解淀粉粒、蛋白质、挥发油、树脂、叶绿素,但不溶解草酸钙或碳酸钙结晶。它亦使皱缩的细胞膨胀而恢复原来的形状。

17. 甘油醋酸液(史氏溶液)

取甘油、50% 醋酸、蒸馏水各等份,混合,即得。此为常用的一种封藏剂,能在较长时间内保持淀粉的形状、大小，以便于显微镜观察和测量。

18. 稀甘油

取甘油 33ml，加蒸馏水 100ml，再加樟脑少许或液化苯酚 1 滴，即得。

19. 擦镜液

取乙醚 70ml，加无水醇 30ml，混合均匀，即得。用于擦试显微镜头等光学部分。

20. 间苯三酚溶液

间苯三酚 0.5g，加 95% 乙醇 25ml 溶解，即得。

21. 氯化锌碘试液

取氯化锌 20g，加水 10ml 溶解，加碘化钾 2g；溶解后，加适量碘使达饱和状态，即得。

本液应置于棕色玻璃瓶内保存。

Primulaceae	报春花科	Thymelaeaceae	瑞香科
		Tiliaceae	椴树科
R		Typhaceae	香蒲科
Ranunculaceae	毛茛科	**U**	
Rhamnaceae	鼠李科		
Rosaceae	蔷薇科	Ulmaceae	榆科
Rubiaceae	茜草科	Umbelliferae	伞形科
Rutaceae	芸香科	（Apiaceae）	
		Urticaceae	荨麻科
S		**V**	
Salicacaeae	杨柳科		
Santalaceae	檀香科	Valerianaceae	败酱科
Sapindaceae	无患子科	Verbenaceae	马鞭草科
Sapindaceae	三白草科	Violaceae	堇菜科
Saxifragaceae	虎耳草科	Vitaceae	葡萄科
Scrophulariaceae	玄参科		
Simaruobaceae	苦木科	**Z**	
Solanaceae	茄科		
Sparganiaceae	黑三棱科	Zingiberaceae	姜科
Stemonaceae	百部科	Zygophyllaceae	蒺藜科
T			
Taxaceae	红豆杉科（紫杉科）		

附录3
被子植物门分科检索表

1. 子叶 2 个，极稀可为 1 个或较多；茎具中央髓部；在多年生的木本植物且有年轮；叶片常具网状脉；花常为 5 出或 4 出数。（次 1 项见 186 页）⋯⋯⋯⋯⋯⋯⋯⋯⋯⋯⋯⋯⋯ 双子植物纲 Dicotyledoneae
  2. 花无真正的花冠（花被片逐渐变化，呈覆瓦状排列成 2 至数层的，也可在此检查）；有或无花萼，有时且可类似花冠。（次 2 项见 161 页）
    3. 花单性，雌雄同株或异株，其中雄花，或雌花和雄花均可成荑花序或类似荑状的花序。（次 3 项见 152 页）
      4. 无花萼，或在雄花中存在。
        5. 雌花以花梗着生于椭圆形膜质苞片中的中脉上；心皮 1 ⋯⋯⋯⋯⋯ 漆树科 Anacardiaceae
⋯⋯⋯⋯⋯⋯⋯⋯⋯⋯⋯⋯⋯⋯⋯⋯⋯⋯⋯⋯⋯⋯⋯⋯⋯⋯⋯ （九子不离母属 *Dobinea*）
        5. 雌花情形非如上述；心皮 2 或更多数。
          6. 多为木质藤本；叶为全缘单叶，具掌状脉；果实为浆果 ⋯⋯⋯⋯⋯ 胡椒科 Piperaceae
          6. 乔木或灌木；叶可呈各种型式，但常为羽状脉；果实不为浆果。
            7. 旱生性植物，有具节的分枝，和极退化的叶片，后者在每节上且连合成为具齿的鞘状物 ⋯⋯⋯⋯⋯⋯⋯⋯⋯⋯⋯⋯⋯⋯⋯⋯⋯⋯⋯ 木麻黄科 Casuarinaceae

            （木麻黄属 Casuarina）
            7. 植物体为其他情形者。
              8. 果实为具多数种子的蒴果；种子有丝状毛茸 ⋯⋯⋯⋯⋯⋯ 杨柳科 Salicaceae
              8. 果实为仅具 1 种子的小坚果、核果或核果状的坚果。
                9. 叶为羽状复叶；雄花有花被 ⋯⋯⋯⋯⋯⋯⋯⋯⋯ 胡桃科 Juglandaceae
                9. 叶为单叶（有时在杨梅科中可为羽状分裂）。
                  10. 果实为肉质核果；雄花无花被 ⋯⋯⋯⋯⋯⋯⋯⋯⋯ 杨梅科 Myricaceae
                  10. 果实为小坚果；雄花有花被 ⋯⋯⋯⋯⋯⋯⋯⋯⋯ 桦木科 Betulaceae
      4. 有花萼，或在雄花中不存在。
        11. 子房下位。
        12. 叶对生，叶柄基部互相连合 ⋯⋯⋯⋯⋯⋯⋯⋯ 金粟兰科 Chloranthaceae
        12. 叶互生。
          13. 叶为羽状复叶 ⋯⋯⋯⋯⋯⋯⋯⋯⋯⋯⋯⋯⋯ 胡桃科 Juglandaceae
          13. 叶为单叶。
            14. 果实为蒴果 ⋯⋯⋯⋯⋯⋯⋯⋯⋯⋯⋯ 金缕梅科 Hamamelidaceae
            14. 果实为坚果。

15. 坚果封藏于一变大呈叶状的总苞中 ······················ 桦木科 Betulaceae

15. 坚果有一壳斗下托，或封藏在一多刺的果壳中 ············· 山毛榉科 Fagaceae

11. 子房上位。

16. 植物体中具白色乳汁。

17. 子房1室；桑椹果 ································ 桑科 Moraceae

17. 子房2室~3室；蒴果 ························ 大戟科 Euphorbiaceae

16. 植物体中无乳汁，或在大戟科的重阳木属 *Biscnofia* 中具红色汁液。

18. 子房为单心皮所成；雄蕊的花丝在花蕾中向内屈曲 ············· 荨麻科 Urticaceae

18. 子房为2枚以上的连合心皮所组成；雄蕊的花丝在花蕾中常直立（在大戟科的重阳木属 *Biscnofia* 及巴豆属 *Croton* 中则向前屈曲）。

19. 果实为3个（稀可2个~4个）离果瓣所成的蒴果；雄蕊10至多数，有时少于10 ··························· 大戟科 Euphorbiaceae

19. 果实为其他情形；雄蕊少数至数个（大戟科的黄桐树属 *Endospermum* 为6~10），或和花萼裂片同数且对生。

20. 雌雄同株的乔木或灌木。

21. 子房2室；蒴果 ····················· 金缕梅科 Hamamelidaceae

21. 子房1室；坚果或核果 ···················· 榆科 Ulmaceae

20. 雌雄异株的植物。

22. 草本或草质藤本；叶为掌状分裂或为掌状复叶 ········· 桑科 Moraceae

22. 乔木或灌木；叶全缘，或在重阳木属为3小叶所成的复叶
······························ 大戟科 Euphorbiaceae

3. 花两性或单性，但并不成为荑荑花序。

23. 子房或子房室内有数个至多数胚珠。（次23项见154页）

24. 寄生性草本，无绿色叶片 ··················· 大花草科 Rafflesiaceae

24. 非寄生性植物，有正常绿叶，或叶退化而以绿色茎代行叶的功用。

25. 子房下位或部分下位。

26. 雌雄同株或异株，如为两性花时，则成肉质穗状花序。

27. 草本。

28. 植物体含多量液法；单叶常不对称 ·················· 秋海棠科 Begoniaceae
································ （秋海棠属 *Begonia*）

28. 植物体不含多量液法；羽状复叶 ·················· 四数木科 Datiscaceae
································ （野麻属 *Datisca*）

27. 木本。

29. 花两性，成肉质穗状花序；叶全缘 ················· 金缕梅科 Hamamelidaceae
································ （假马蹄荷属 *Chunia*）

29. 花单性，成穗状、总状或头状花序；叶缘有锯齿或具裂片。

30. 花成穗状或总状花序；子房1室 ··············· 四数木科 Datiscaceae
································ （四数木属 *Tetrameles*）

30. 花成头状花序；子房2室 ················· 金缕梅科 Hamamelidaceae
································ （枫香树亚科 Liqudambaroideae）

26. 花两性，但不成肉质穗状花序。

31. 子房1室。

32. 无花被；雄蕊着生在子房上 ··················· 三白草科 Saururaceae

32. 有花被；雄蕊着生在花被上。
 33. 茎肥厚，绿色，常具棘针；叶常退化；花被片和雄蕊都多数；浆果
  …………………………………………………………… 仙人掌科 Cactaceae
 33. 茎不成上述形状；叶正常；花被片和雄蕊皆为五出或四出数，或雄蕊数为前
  者的 2 倍；蒴果 ………………………………………… 虎耳草科 Saxifragaceae
31. 子房 4 室或更多室。
 34. 乔木；雄蕊为不定数 ……………………………… 海桑科 Sonneratiaceae
 34. 草本或灌木
  35. 雄蕊 4 ……………………………………………… 柳叶菜科 Onagraceae
  ………………………………………………………… （丁香蓼属 Ludwigia）
  35. 雄蕊 6 或 12 ……………………………………… 马兜铃科 Aristolochiaceae
25. 子房上位。
 36. 雌蕊或子房 2 个，或更多数。
  37. 草本。
   38. 复叶或多少有些分裂，稀可为单叶（如驴蹄草属 Caltha），全缘或具齿裂；心
   皮多数至少数 …………………………………………… 毛茛科 Ranunculaceae
   38. 单叶，叶缘有锯齿；心皮和花萼裂片同数 ………… 虎耳草科 Saxifragaceae
   ………………………………………………………… （扯根菜属 Penthorum）
  37. 木本。
   39. 花的各部为整齐的三出数 ……………………… 木通科 Lardizabalaceae
   39. 花为其他情形。
    40. 雄蕊数个至多数，连合成单体 ……………………… 梧桐科 Sterculiaceae
    ………………………………………………………… （苹婆族 Sterculieae）
    40. 雄蕊多数，离生。
     41. 花两性；无花被 …………………………… 昆栏树科 Trochodendraceae
     …………………………………………………… （昆栏树属 Trochodendron）
     41. 花雌雄异株，具 4 个小形萼片 ………………… 连香树科 Cercidiphyllaceae
     …………………………………………………… （连香树属 Cercidiphyllum）
 36. 雌蕊或子房单独 1 个。
  42. 雌蕊周位，即着生于萼筒或杯状花托上。
   43. 有不育雄蕊，且和 8～12 能育雄蕊互生 ……………… 大风子科 Flacourtiaceae
   ………………………………………………………………… （山羊角树属 Casearia）
   43. 无不育雄蕊。
    44. 多汁草本植物；花萼裂片呈覆瓦状排列，成花瓣状，宿存；蒴果盖裂
    ……………………………………………………………… 番杏科 Aizoaceae
    ………………………………………………………… （海马齿属 Sesuvium）
    44. 植物体为其他情形；花萼裂片不成花瓣状。
     45. 叶为双数羽状复叶，互生；花萼裂片呈覆瓦状排列；果实为荚果；常绿乔
     木 ……………………………………………………… 豆科 Leguminosae
     ……………………………………………………… （云实亚科 Caesalpinoideae）
     45. 叶为对生或轮生单叶；花萼裂片呈镊合状排列；非荚果。
      46. 雄蕊为不定数；子房 10 室或更多室；果实浆果状
      …………………………………………………… 海桑科 Sonneratiaceae

46. 雄蕊 4 ~ 12（不超过花萼裂片的 2 倍）；子房 1 室至数室；果实蒴果状。

47. 花杂性或雌雄异株，微小，成穗状花序，再成总状或圆锥状排列
………………………………………………… 隐翼科 Crypteroniaceae
………………………………………………………（隐翼属 *Crypteronia*）

47. 花两性，中型，单生至排列成圆锥花序 ………… 千屈菜科 Lythraceae

42. 雄蕊下位，即着生于扁平或凸起的花托上。

48. 木本；叶为单叶。

49. 乔木或灌木；雄蕊常多数，离生；胚珠生于侧膜胎座或隔膜上
………………………………………………………… 大风子科 Flacourtiaceae

49. 木质藤本；雄蕊 4 或 5，基部连合成杯状或环状；胚珠基生（即位于子房室的基底）………………………………………… 苋科 Amaranthaceae
………………………………………………………（浆果苋属 *Deeringia*）

48. 草本或亚灌木。

50. 植物体沉没水中，常为一具背腹面呈原叶体状的构造，像苔藓
………………………………………………………… 河苔草科 Podostemaceae

50. 植物体非如上述情形。

51. 子房 3 室 ~ 5 室。

52. 食虫植物；叶互生；雌雄异株 ……………… 猪笼草科 Nepenthaceae
………………………………………………………（猪笼草属 *Nepenthes*）

52. 非为食虫植物；叶对生或轮生；花两性 …………… 番杏科 Aizoaceae
………………………………………………………（粟米草属 *Mollugo*）

51. 子房 1 室 ~ 2 室。

53. 叶为复叶或多少有些分裂 …………………… 毛茛科 Ranunculaceae

53. 叶为单叶。

54. 侧膜胎座。

55. 花无花被 …………………………………… 三白草科 Saururaceae

55. 花具 4 离生萼片 ……………………………… 十字花科 Cruciferae

54. 特立中央胎座。

56. 花序呈穗状、头状或圆锥状；萼片多少为干膜质
………………………………………………………… 苋科 Amaranthaceae

56. 花序呈聚伞状；萼片草质 ……………… 石竹科 Caryophyllaceae

23. 子房或其子房室内仅有 1 至数个胚珠。

57. 叶片中常有透明微点。

58. 叶为羽状复叶 …………………………………………… 芸香科 Rutaceae

58. 叶为单叶，全缘或有锯齿。

59. 草本植物或有时在金粟兰科为木本植物；花无花被，常成简单或复合的穗状花序，但在胡椒科齐头绒属 *Zippelia* 则成疏松总状花序。

60. 子房下位；仅 1 室有 1 胚珠；叶对生，叶柄在基部连合 … 金粟兰科 Chloranthaceae

60. 子房上位；叶如为对生时，叶柄也不在基部连合。

61. 雌蕊由 3 ~ 6 近于离生心皮组成，每心皮各有 2 ~ 4 胚珠 …… 三白草科 Saururaceae
………………………………………………………（三白草属 *Saururus*）

61. 雌蕊由 1 ~ 4 合生心皮组成，仅 1 室，有 1 胚珠 ………… 胡椒科 Piperaceae
………………………………（齐头绒属 *Zippelia*，豆瓣绿属 *Peperomia*）

59. 乔木或灌木；花具一层花被；花序有各种类型，但不为穗状。

62. 花萼裂片常 3 片，呈镊合状排列；子房为 1 心皮所成，成熟时肉质，常以 2 瓣裂开 ·· 肉豆蔻科 Myristicaceae

62. 花萼裂片 4 片 ~ 6 片，呈覆瓦状排列；子房为 2 片 ~ 4 合生心皮所成。

63. 花两性；果实仅 1 室，蒴果状，2 ~ 3 瓣裂开 ·········· 大风子科 Flacourtiaceae
·· （山羊角树属 Casearia）

63. 花单性，雌雄异株，果实 2 室 ~ 4 室，肉质或革质，很晚才裂开
·· 大戟科 Euphorbiaceae
·· （白树属 Gelonium）

57. 叶片中无透明微点。

64. 雄蕊连为单体，至少在雄花中有这现象，花丝互相连合成筒状或成一中柱。

65. 肉质寄生草本植物，具退化呈鳞片状的叶片，无叶绿素······ 蛇菰科 Balanophoraceae

65. 植物体为非寄生性，有绿叶。

66. 雌雄同株，雄花成球形头花序，雌花以 2 个同生于 1 个有 2 室而具钩状芒刺的果壳中 ·· 菊科 Compositae
·· （苍耳属 Xanthium）

66. 花两性，如为单性时，雄花及雌花也无上述情形。

67. 草本植物；花两性。

68. 叶互生 ·· 藜科 Chenopodiaceae

68. 叶对生。

69. 花显著，有连合成花萼状的总苞 ·········· 紫茉莉科 Nyctaginaceae

69. 花微小，无上述情形的总苞 ·········· 苋科 Amaranthaceae

67. 乔木或灌木，稀可为草本；花单性或杂性，叶互生。

70. 萼片呈覆瓦状排列，至少在雄花中如此 ·········· 大戟科 Euphorbiaceae

70. 萼片呈镊合状排列。

71. 雌雄异株；花萼常具 3 裂片；雌蕊为 1 心皮构筑成，成熟时肉质，且常以 2 瓣裂开 ·········· 肉豆蔻科 Myristicaceae

71. 花单性或雄花和两性花同株；花萼具 4 ~ 5 裂片或裂齿；雌蕊为 3 ~ 6 近于离生的心皮所成，各心皮于成熟时为革质或木质，呈蓇葖果状而不裂开
·· 梧桐树 Sterculiaceae
·· （苹婆族 Sterculieae）

64. 雄蕊各自分离，有时仅为 1 个，或花丝成为分枝的簇丛（如大戟科的蓖麻属 Ricinus）.

72. 每花有雌蕊 2 个至多数，近于或完全离生；或花的界限不明显时，则雌蕊多数，成 1 球形头状花序。

73. 花托下陷，呈杯状或坛状。

74. 灌木；叶对生；花被片在坛状花托的外侧排列成数层 ··· 蜡梅科 Calycanthaceae

74. 草本或灌木；叶互生；花被片在杯或坛状花托的边缘排列成一轮
·· 蔷薇科 Rosaceae

73. 花托扁平或隆起，有时会延长。

75. 乔木、灌木或木质藤本。

76. 花有花被 ·· 木兰科 Magnoliaceae

76. 花无花被。

77. 落叶灌木或小乔木；叶卵形，具羽状脉和锯齿缘；无托叶；花两性或杂

性，在叶腋中丛生；翅果无毛，有柄 ………… 昆栏树科 Trochodendraceae

………………………………………………………（领春木属 *Euptelea*）

　　77. 落叶乔木；叶广阔，掌状分裂，叶缘缺刻或大锯齿；有托叶围茎成鞘，易脱落；花单性，雌雄同株，分别聚成球形头花序；小坚果，围以长柔毛而无柄 ……………………………………………… 悬铃木科 Platanaceae

………………………………………………………（悬铃木属 *Platanus*）

　75. 草本或稀为亚灌木，有时为攀援性。

　　78. 胚珠倒生或直生。

　　　79. 叶片多少有些分裂或为复叶；无托叶或极微小；有花被（花萼）；胚珠倒生；花单生或成各种类型的花序 ………… 毛茛科 Ranunculaceae

　　　79. 叶为全缘单叶；有托叶；无花被；胚珠直生；花成穗形总状花序

………………………………………………………… 三白草科 Saururaceae

　　78. 胚珠常弯生；叶为全缘单叶。

　　　80. 直立草本；叶互生，非肉质 ……………… 商陆科 Phytolaccaceea

　　　80. 平卧草本；叶对生或近轮生，肉质 ………………… 番杏科 Aizoaceae

………………………………………………………（针晶粟草属 *Gisekia*）

72. 每花仅有 1 个复合或单雌蕊，心皮有时于成熟后各自分离。

　81. 子房下位或半下位。（次 81 项见 157 页）

　　82. 草本。

　　　83. 水生或小形沼泽植物。

　　　　84. 花柱 2 个或更多；叶片（尤其沉没水中的）常成羽细裂或为复叶

…………………………………………… 小二仙草科 Haloragidaceae

　　　　84. 花柱 1 个；叶为线形全缘单叶 ………… 杉叶藻科 Hippuridaceae

　　　83. 陆生草本。

　　　　85. 寄生性肉质草本，无绿叶。

　　　　　86. 花单性，雌花常无花被；无珠被及种皮………… 蛇菰科 Balanophoraceae

　　　　　86. 花杂性，有一层花被，两性花有 1 雄蕊；有珠被及种皮

…………………………………………… 锁阳科 Cynomoriaceae

………………………………………………………（锁阳属 *Cynomorium*）

　　　　85. 非寄生性植物，或于百蕊草属 *Thesium* 为半寄生性，但均有绿叶。

　　　　　87. 叶对生，其形宽广而有锯齿缘 ………… 金粟兰科 Chloranthaceae

　　　　　87. 叶互生。

　　　　　　88. 平铺草本（限于我国植物），叶片宽，三角形，多少有些肉质

…………………………………………… 番杏科 Aizoaceae

………………………………………………………（番杏属 *Tetragonia*）

　　　　　　88. 直立草本，叶片窄而细长 ………………… 檀香科 Santalaceae

………………………………………………………（百蕊草属 *Thesium*）

　　82. 灌木或乔木

　　　89. 子房 3～10 室。

　　　　90. 坚果 1～2 个，同生在一个木质且可裂为 1 瓣的壳斗里 … 壳斗科 Fagaceae

………………………………………………………（木青冈属 *Fagus*）

　　　　90. 核果，并不生在壳斗里。

　　　　　91. 雌雄异株，成顶生的圆锥花序，后者并不为叶状苞片所托

.... 山茱萸科 Cornaceae

....（鞘柄木属 *Torricellia*）

　91. 花杂性，形成球形的头状花序，后者为 2～3 白色叶状苞片所托

.... 珙桐科 Nyssaceae

....（珙桐属 *Davidia*）

89. 子房 1 或 2 室，或在铁青树科的青皮木属 *Schoepfia* 中，子房的基部可为 3 室。

　92. 花柱 2 个。

　　93. 蒴果，2 瓣裂开 .... 金缕梅科 Hamamelidaceae

　　93. 果实呈核果状，或为蒴果状的瘦果，不裂开 .... 鼠李科 Rhamnaceae

　92. 花柱 1 个或无花柱。

　　94. 叶片下面多少有些具皮屑状或鳞片的附属物 ..... 胡颓子科 Elaegnaceae

　　94. 叶片面无皮屑状或鳞片状的附属物。

　　　95. 叶缘有锯齿或圆锯齿，稀可在荨麻科的紫麻属 *Oreocnide* 中有全缘者。

　　　　96. 叶对生，具羽状脉；雄花裸露，有雄蕊 1～3 个

.... 金粟兰科 Chloranthaceae

　　　　96. 叶互生，大都于叶基具三出脉；雄花具花被及雄蕊 4 个（稀可 3 或

5 个）................................ 荨麻科 Urticaceae

　　　95. 叶全缘，互生或对生。

　　　　97. 植物体寄生在乔木的树干或枝条上；果实呈浆果状

.... 桑寄生科 Loranthaceae

　　　　97. 植物体大都陆生，或有时可为寄生性；果实呈坚果状或核果状；胚

珠 1～5 个。

　　　　　98. 花多为单性；胚珠垂悬于基底胎座上........... 檀香科 Santalaceae

　　　　　98. 花两性或单性；胚珠垂悬于子房室的顶端或中央胎座的顶端。

　　　　　　99. 雄蕊 10 个，为花萼裂片的 2 倍数 ..... 使君子科 Combretaceae

....（呵子属 *Terminalia*）

　　　　　　99. 雄蕊 4 或 5 个，和花萼裂片同数且对生 ... 铁青树科 Olacaceae

81. 子房上位，如有花萼时，和它相分离，或在紫茉莉科及胡颓子科中，当果实成熟

时，子房为宿存萼筒所包围。

100. 托叶鞘围抱茎的各节；草本，稀可为灌木 .... 蓼科 Polygonaceae

100. 无托叶鞘，在悬铃木科有托叶鞘但易脱落。

　101. 草本，或有时在藜科及紫茉莉科中为亚灌木。（次 101 项见 158 页）

　　102. 无花被。

　　　103. 花两性或单性；子房 1 室，内仅有 1 个基生胚珠。

　　　　104. 叶基生，由 3 小叶而成；穗状花序在一个细长基生无叶的花梗上

.... 小檗科 Berberidaceae

....（裸花草属 *Achlys*）

　　　　104. 叶茎生，单叶；穗状花序顶生或腋生，但常和叶相对生胡椒科 Piper-

aceae .... 胡椒科 Piperaceae

....（胡椒属 *Piper*）

　　　103. 花单性；子房 3 或 2 室。

　　　　105. 水生或微小的沼泽植物，无乳汁；子房 2 室，每室内含 2 个胚珠

.... 水马齿科 Callitrichaceae

　　　　　　　　　　　　　　　　　　　……………………………（水马齿属 *Callitriche*）
　　105. 陆生植物；有乳汁；子房 3 室，每室内仅含 1 个胚珠
　　　　　……………………………………………………… 大戟科 Euphorbiaceae
102. 有花被，当花为单性时，特别是雄花是如此。
　　106. 花萼呈花瓣状，且呈管状。
　　　107. 花有总苞，有时这总苞类似花萼 ………… 紫茉莉科 Nyctaginaceae
　　　107. 花无总苞。
　　　　108. 胚珠 1 个，在子房的近顶端处 ……………… 瑞香科 Thymelaeaceae
　　　　108. 胚珠多数，生在特立中央胎座上 …………… 报春花科 Primulaceae
　　　　　………………………………………………………（海乳草属 *Glaux*）
106. 花萼非如上述情形。
　　109. 雄蕊周位，即位于花被上。
　　　110. 叶互生，羽状复叶而有草质的托叶；花无膜质苞片；瘦果
　　　　　………………………………………………… 蔷薇科 Rosaceae
　　　　　…………………………………………………（地榆族 Sanguisorbieae）
　　　110. 叶对生，或在蓼科的冰岛蓼属 *Kogenigia* 为互生，单叶无草质托
　　　　　叶；花有膜质苞片。
　　　　111. 花被片和雄蕊各为 5 或 4 个，对生；囊果；托叶摸质
　　　　　………………………………………………… 石竹科 Caryophyllaceae
　　　　111. 花被片和雄蕊各为 3 个，互生；坚果；无托叶
　　　　　………………………………………………… 蓼科 Polygonaceae
　　　　　…………………………………………………（冰岛蓼属 *Koenigia*）
　　109. 雄蕊下位，即位于子房下。
　　　112. 花柱或其分枝为 2 或数个，内侧常为柱头面。
　　　　113. 子房常为数个至多数心皮连合而成……… 商陆科 Phytolaccaceae
　　　　113. 子房常为 2 或 3（或 5）心皮连合而成。
　　　　　114. 子房 3 室，稀可 2 或 4 室 …………… 大戟科 Euphorbiaceae
　　　　　114. 子房 1 或 2 室。
　　　　　　115. 叶为掌状复叶或具掌状脉而有宿存托叶 …… 桑科 Moraceae
　　　　　　（大麻亚科 Cannaboideae）
　　　　　　115. 叶具羽状脉，或稀可为掌状脉而无托叶，也可在藜科中叶
　　　　　　　退化成鳞片或为肉质而形如圆筒。
　　　　　　　116. 花有草质而带绿色或灰绿色的花被及苞片
　　　　　　　……………………………………… 藜科 Chenopodiaceae
　　　　　　　116. 花有干膜质而常有色泽的花被及苞片
　　　　　　　……………………………………… 苋科 Amaranthaceae
　　　112. 花柱 1 个，常顶端有柱头，也可无花柱。
　　　　117. 花两性。
　　　　　118. 雌蕊为单心皮；花萼由 2 膜质且宿存的萼片而成；雄蕊 2 个
　　　　　　………………………………………………… 毛茛科 Ranunculaceae
　　　　　　………………………………………………（星叶草属 *Circaeaster*）
　　　　　118. 雌蕊由 2 合生心皮而成。
　　　　　　119. 萼片 2 片；雄蕊多数 …………… 罂粟科 Papaveraceae

···（博落回属 *Macleaya*）

119. 萼片 4 片，雄蕊 2 或 4 ·········· 十字花科 Cruciferae

···（独行菜属 *Lepidium*）

117. 花单性。

120. 沉没于淡水中的水生植物；叶细裂成丝状

··· 金鱼藻科 Ceratophyllaceae

···（金鱼藻属 *Ceratophyllum*）

120. 陆生植物；叶为其他情形。

121. 叶含多量水分；托叶连接叶柄的基部；雄花的花被 2 片；
雄蕊多数 ·········· 假牛繁缕科 Theligonaceae

···（假牛繁缕属 *Theligonum*）

121. 叶不含多量水分；如有托叶时，也不连接叶柄的基部；雄
花的花被片和雄蕊均各 4 或 5 个，二者相对生 ··········

··· 荨麻科 Urticaceae

101. 木本植物或亚灌木。

122. 耐寒旱性的灌木，或在藜科的琐琐属 *Haloxylon* 为乔木；叶微小，细长或
呈鳞片状，也可有时（如藜科）为肉质而成圆筒形可半圆筒形。

123. 雌雄异株或花杂性；花萼为三出数，萼片微呈花瓣状，和雄蕊同数且
互生；花柱 1，极短，常有 6~9 放射状且有齿裂的柱头；核果；胚体
劲直；常绿而基部偃卧的灌木；叶互生，无托叶··············

··· 岩高兰科 Empetraceae

···（岩高兰属 *Empetrum*）

123. 花两性或单性，花萼为五出数，稀可三出可四出数，萼片或花萼裂片
草质或革质，和雄蕊同数且对生，或在藜科中雄蕊由于退化而数较少，
甚或 1 个；花柱或花柱分枝 2 或 3 个，内侧常为柱头面；胞果或坚果；
胚体弯曲如弯曲成螺旋形。

124. 花无膜质苞片；雄蕊下位；叶互生或对生；无托叶；枝条常具关节

··· 藜科 Chenopodiaceae

124. 花有膜质苞片；雄蕊周位；叶对生，基部常互相连合；有膜质托叶；
枝条不具关节 ·········· 石竹科 Caryophyllaceae

122. 不是上述的植物；叶片矩圆形或披针形，或宽广至圆形。

125. 果实及子房均为 2 至数室，或在大风子科中为不完全的 2 至数室。

126. 花常为两性。

127. 萼片 4 或 5 片，稀可 3 片，呈覆瓦状排列。

128. 雄蕊 4 个；4 室的蒴果·········· 木兰科 Magnoliaceae

···（水青树属 *Tetracentron*）

128. 雄蕊多数；浆果状的核果 ·········· 大风子科 Flacouriticeae

127. 萼片多 5 片，呈镊合状排列。

129. 雄蕊为不定数；具刺的蒴果·········· 杜英科 Elaeocarpaceae

···（猴欢喜属 *Sloanea*）

129. 雄蕊和萼片同数；核果或坚果。

130. 雄蕊和萼片对生，各为 3~6 ·········· 铁青树科 Olacaceae

130. 雄蕊和萼片互生，各为 4 或 5 ·········· 鼠李科 Rhamnaceae

126. 花单性（雌雄同株或异株）或杂性。

    131. 果实各种；种子无胚乳或有少量胚乳。

        132. 雄蕊常 8 个；果实坚果状或有翅的蒴果；羽状复叶或单叶

        ………………………………………………… 无患子科 Sapindaceae

        132. 雄蕊 5 或 4 个，且和萼片互生；核果有 2~4 个小核；单叶

        ………………………………………………… 鼠李科 Rhamnaceae

        ………………………………………………… （鼠李属 *Rhamnus*）

    131. 果实多呈蒴果状，无翅；种子常有胚乳。

        133. 果实为具 2 室的蒴果，有木质或革质的外种皮及角质的内果皮

        ………………………………………………… 金缕梅科 Hamamelidaceae

        133. 果实纵为蒴果时，也不象上述情形。

            134. 胚珠具腹脊；果实有各种类型，但多为胞间裂开的蒴果

            ………………………………………………… 大戟科 Euphorbiaceae

            134. 胚珠具背脊；果实为胞背裂开的蒴果，或有时呈核果状

            ………………………………………………… 黄杨科 Buxaceae

125. 果实及子房均为 1 或 2 室，稀可在无患子科的荔枝属 *Litchi* 及韶子属 *Nephelium* 中为 3 室，或在卫矛科的十齿花属 *Dipentodon* 及铁青树科的铁青树属 *Olax* 中，子房的下部为 3 室，而上部为 1 室。

    135. 花萼具显著的萼筒，且常呈花瓣状。

        136. 叶无毛或下面有柔毛；萼筒整个脱落 ……… 瑞香科 Thymelaeaceae

        136. 叶下面具银白色或棕色的鳞片；萼筒或其下部永久宿存，当果实成熟时，变为肉质而紧密包着子房 ……… 胡颓子科 Elaeagnaceae

    135. 花萼不是象上述情形，或无花被。

        137. 花药以 2 或 4 舌瓣裂开 ………………………… 樟科 Lauraceae

        137. 花药不以舌瓣裂开。

          138. 叶对生。

            139. 果实为有双翅或呈圆形的翅果………… 槭树科 Aceraceae

            139. 果实为有单翅而呈细长形兼矩圆形的翅果 … 木犀科 Oleaceae

          138. 叶互生。

            140. 叶为羽状复叶。

              141. 叶为二回羽状复叶，或退化仅具叶状柄（特称为叶状叶柄 phyllodia）……………………………… 豆科 Leguminosae

              ………………………………………………… （金合欢属 *Acacia*）

              141. 叶为一回羽状复叶。

                142. 小叶边缘有锯齿；果实有翅 …… 马尾树科 Rhoipteleaceae

                ………………………………………………… （马属树属 *Rhoiptelea*）

                142. 小叶全缘；果实无翅。

                  143. 花两性或杂性 …………………… 无患子科 Sapindaceae

                  143. 雌雄异株 ………………………… 漆树科 Anacardiaceae

                  ………………………………………………… （黄连木属 *Pistacia*）

           140. 叶为单叶。

            144. 花均无花被。

              145. 多为木质藤本；叶全缘；花两性或杂性，成紧密的穗状

花序 ……………………… 胡椒科 Piperaceae

………………………………………… （胡椒属 *Piper*）

145. 乔木；叶缘有锯齿或缺刻；花单性。

146. 叶宽广，具掌状脉及掌状分裂，叶缘具缺刻或大锯齿，有托叶，围茎成鞘，但易脱落；雌雄同株，雌花和雄花分别成球形的头状花序；雌蕊为单心皮而成；小坚果为倒圆锥形而有棱角，无翅也无梗，但围以长柔毛 ………………………… 悬铃木科 Platanaceae

………………………………………… （悬铃木属 *Platanus*）

146. 叶椭圆形至卵形，具羽状脉及锯齿缘；无托叶；雌雄异株，雄花聚成疏松有苞片的簇丛，雌花单生于苞片的腋内；雌蕊为 2 心皮而成；小坚果扁平，具翅且有柄，但无毛 ………………… 杜仲科 Eucommiaceae

………………………………………… （杜仲属 *Eucommia*）

144. 花常有花萼，尤其在雄花。

147. 植物体内有乳汁 ………………………… 桑科 Moraceae

147. 植物体内无乳汁。

148. 花柱或其分枝 2 或数个，但在大戟科的核实树属 *Drypetes* 中则柱头几无柄，呈盾状或肾脏形。

149. 雌雄异株或有时为同株；叶全缘或具波状齿。

150. 矮小灌木或亚灌木；果实干燥，包藏于具有长柔毛而互相连合成双角状的 2 苞片中；胚体弯曲如环 ………………………… 藜科 Chenopodiaceae

………………………………………… （优若藜属 *Eurotia*）

150. 乔木或灌木；果实呈核果状，常为 1 室含 1 种子，不包藏于苞片内；胚体劲直 ……………………… 大戟科 Euphorbiaceae

149. 花两性或单性；叶缘多有锯齿或具齿裂，稀可全缘。

151. 雄蕊多数 ……………… 大风子科 Flacourtiaceae

151. 雄蕊 10 个或较少。

152. 子房 2 室，每室有 1 个至数个胚珠；果实为木质蒴果 ……………… 金缕梅科 Hamamelidaceae

152. 子房 1 室，仅含 1 胚珠；果实不是木质蒴果 ………………………… 榆科 Ulmaceae

148. 花柱 1 个，也可有时（如荨麻属）不存，而柱头呈画笔状。

153. 叶缘锯齿；子房为 1 心皮而成。

154. 花两性 ……………… 山龙眼科 Proteaceae

154. 雌雄异株或同株。

155. 花生于当年新枝上；雄蕊多数 ………………………… 蔷薇科 Rosaceae

………………………………………… （假稠李属 *Maddenia*）

155. 花生于老枝上；雄蕊和萼片同数

．．．．．．．．．．．．．．．．．．．．．．．．． 荨麻科 Urticaceae

153. 叶全缘或边缘有锯齿；子房为 2 个以上连合心皮
所成。

156. 果实呈核果状或坚果状，内有 1 种子；无托叶。

157. 子房具 2 或 2 个胚珠；果实于成熟后由萼筒包
围 ．．．．．．．．．．．．．．．．．．．． 铁青树科 Olacaceae

157. 子房仅具 1 个胚珠；果实和花萼相分离，或仅
果实基部由花萼衬托之 ‥ 山柚仔科 Opiliaceae

156. 果实呈蒴果状或浆果状，内含数个至 1 个种子。

158. 花下位，雌雄异株，稀可杂性；雄蕊多数；果实呈
浆果状；无托叶 ．．．．．．．．． 大风子科 Flacourtiaceae
．．．．．．．．．．．．．．．．．．．．．．．．．．．．．．．．（柞木属 *Xylosma*）

158. 花周位，两性；雄蕊 5 个 ~ 12 个；果实呈蒴果
状；有托叶，但易脱落。

159. 花为腋生的簇丛或头状花序；萼片 4 片 ~ 6 片
．．．．．．．．．．．．．．．．．．．． 大风子科 Flacourtiaceae
．．．．．．．．．．．．．．．．．．．．．．．．（山羊角树属 *Casearia*）

159. 共为腋生的伞形花序；萼片 10 片 ~ 14 片
．．．．．．．．．．．．．．．．．．．．．．． 卫矛科 Celastraceae
．．．．．．．．．．．．．．．．．．．．．．．（十齿花属 *Dipentodon*）

2. 花具花萼也具花冠，或有两层以上的花被片，有时花冠可为蜜腺叶所代替。

160. 花冠常为离生的花瓣所组成。（次 160 项见 179 页）

161. 成熟雄蕊（或单体雄蕊的花药）多在 10 个以上，通常多数，或其数超过花瓣的 2 倍（次 161 项见 167 页）

162. 花萼和 1 个或更多的雌蕊多少有些互相愈合，即子房下位或半下位。（次 162 项见 163 页）

163. 水生草本植物；子房多室 ．．．．．．．．．．．．．．．．．．．．．．．．．．．．．． 睡莲科 Nymphaeaceae

163. 陆生植物；子房 1 至数室，也可心皮为 1 至数个，或在海桑科中为多室。

164. 植物体具肥厚的肉质茎，多有刺，常无真正叶片 ．．．．．．．．．．．．． 仙人掌科 Cactaceae

164. 植物体为普通形态，不呈仙人掌状，有真正的叶片。

165. 草本植物或稀可亚灌木。

166. 花单性。

167. 雌雄同株；花鲜艳，多成腋生聚伞花序；子房 2 ~ 4 室
．．．．．．．．．．．．．．．．．．．．．．．．．．．．．．．． 秋海棠科 Begoniaceae
．．．．．．．．．．．．．．．．．．．．．．．．．．．．．（秋海棠属 *Begonia*）

167. 雌雄异株；花小而不显著，成腋生穗状或总状花序
．．．．．．．．．．．．．．．．．．．．．．．．．．．．．．．． 四数木科 Datiscaceae

166. 花常两性。

168. 叶基生或茎生，呈心形，或在阿柏麻属 *Apama* 为长形，不为肉质；花为三
出数 ．．．．．．．．．．．．．．．．．．．．．．． 马兜铃科 Aristolochiaceae
（细辛族 Asareae）

168. 叶茎生，不呈心形，多少有些肉质，或为圆柱形；花不是三出数。

169. 花萼裂片常为 5，叶状；蒴果 5 室或更多室，在顶端呈放射状裂开

　　　　　　　　　　　　　　　　　　　　　　　　　　　　番杏科 Aizoaceae

　　169. 花萼裂片 2；蒴果 1 室，盖裂 …………………… 马齿苋科 Portulacaceae

　　　　………………………………………………………（马齿苋属 *Portulaca*）

165. 乔木或灌木（但在虎耳草科的银梅草属 *Deinanthe* 及草绣球属 *Cardiandra* 为亚灌
　　木，黄山梅属 *Kirengeshoma* 为多年生高大草本），有时以气生小根而攀援。

　　170. 叶通常对生（虎耳草科的草绣球属 *Cardiandra* 为例外），或在石榴科的石榴属
　　　　Punica 中有时可互生。

　　　　171. 叶缘常有锯齿或全缘；花序（除山梅花属 *Philadelpheae* 外）常有不孕的边
　　　　　　缘花 ……………………………………………… 虎耳草科 Saxifragaceae

　　　　171. 叶全缘；花序无不孕花。

　　　　　　172. 叶为脱落性；花萼呈朱红色 ………………… 石榴科 Punicaceae

　　　　　　　　………………………………………………………（石榴属 *Punica*）

　　　　　　172. 叶为常绿性；花萼不呈朱红色。

　　　　　　　　173. 叶片中有腺体微点；胚珠常多数 ………… 桃金娘科 Myrtaceae

　　　　　　　　173. 叶片中无微点。

　　　　　　　　　　174. 胚珠在每子房中为多数 ……………… 海桑科 Sonneratiaceae

　　　　　　　　　　174. 胚珠在每子房室中仅 2 个，稀可较多 ……… 红树科 Rhizophoraceae

170. 叶互生。

　　175. 花瓣细长形兼长方形，最后向外翻转 ……………… 八角枫科 Alangiaceae

　　　　………………………………………………………（八角枫属 *Alangium*）

　　175. 花瓣不成细长形，或纵为细长形时，也不向外翻转。

　　　　176. 叶无托叶。

　　　　　　177. 叶全缘；果实肉质或木质 ……………… 玉蕊科 Lecythidaceae

　　　　　　　　……………………………………………（玉蕊属 *Barringtonia*）

　　　　　　177. 叶缘多少有些锯齿或齿裂；果实呈核果状，其形歪斜
　　　　　　　　…………………………………………………… 山矾科 Symplocaceae

　　　　　　　　……………………………………………………（山矾属 *Symplocos*）

　　　　176. 叶有托叶。

　　　　　　178. 花瓣呈旋转状排列；花药隔向上延伸；花萼裂片中 2 个或更多个在果
　　　　　　　　实上变大而呈翅状 …………… 龙脑香科 Dipterocarpaceae

　　　　　　178. 花瓣呈覆瓦状或旋转状排列（如蔷薇科的火棘属 *Pyracantha*）；花药隔
　　　　　　　　并不向上延伸；花萼裂片也无上述变大情形。

　　　　　　　　179. 子房 1 室，内具 2～6 侧膜胎座，各有 1 个至多数胚珠；果实为革质
　　　　　　　　　　蒴果，自顶端以 2～6 瓣裂开 …… 大风子科 Flacourtiaceae

　　　　　　　　　　………………………………………………（天料木属 *Homalium*）

　　　　　　　　179. 子房 2～5 室，内具中轴胎座，或其心皮在腹面互相分离而具边缘
　　　　　　　　　　胎座。

　　　　　　　　　　180. 花成伞房、圆锥、伞形或总状等花序，稀可单生；子房 2～5 室，
　　　　　　　　　　　　或心皮 2～5 个，下位，每室或每心皮有胚珠 1～个 2 个，稀可有
　　　　　　　　　　　　时为 3～10 个或为多数；果实为肉质或木质假果；种子无翅 ……
　　　　　　　　　　　　…………………………………… 金缕梅科 Hamamelidaceae

　　　　　　　　　　　　……………………………………（马蹄荷亚科 Bucklandiodeae）

162. 花萼和 1 个或更多的雌蕊互相分离，即子房上位。

181. 花为周位花。

  182. 萼片和花瓣相似，覆瓦排列成数层，着生于坛花托的外侧

    ··· 蜡梅科 Calycanthaceae

    ···（洋蜡梅属 Calycanthus）

  182. 萼片和花瓣有分化，在萼筒或花托的边缘排列成 2 层。

    183. 叶对生或轮生，有时上部者可互生，但均为全缘单叶；花瓣常于蕾中呈皱折状。

      184. 花瓣无爪，形小，或细长；浆果 ············ 海桑科 Sonneratiaceae

      184. 花瓣有细爪，边缘具腐蚀状的波纹或具流苏；蒴果 ······ 千屈菜科 Lythraceae

    183. 叶互生，单叶或复叶；花瓣不呈皱折状。

      185. 花瓣宿存；雄蕊的下部连成一管 ············ 亚麻科 Linaceae

      ···（粘木属 Ixonanthes）

      185. 花瓣脱落性，雄蕊互相分离。

        186. 草本植物，具二出数的花朵；萼片 2 片，早落性；花瓣 4 个

        ·· 罂粟科 Papaveraceae

      （花菱草属 Eschscholzia）

        186. 木本或草本植物，具五出或四出数的花朵。

          187. 花瓣镊合状排列；果实为荚果；叶多为二回羽状复叶，有时叶片退化，而叶柄发育为叶状柄；心皮 1 个 ············ 豆科 Leguminosae

          ···（含羞草亚科 Mimosoideae）

          187. 花瓣覆瓦状排列；果实为核果、蓇葖果或瘦果；叶为单叶或复叶；心皮 1 个至多数 ············ 蔷薇科 Rosaceae

181. 花为下位花，或至少在果实时花托扁平或隆起。

  188. 雌蕊少数至多数，互相分离或微有连合。

  189. 水生植物。

    190. 叶片呈盾状，全缘 ············ 睡莲科 Nymphaeaceae

    190. 叶片不呈盾状，多少有些分裂或为复叶 ············ 毛茛科 Ranunculaceae

  189. 陆生植物。

    191. 茎为攀援性。

      192. 草质藤本。

        193. 花显著，为两性花 ············ 毛茛科 Ranunculaceae

        193. 花小形，为单性，雌雄异株 ············ 防己科 Menispermaceae

      192. 木质藤本或为蔓生灌木。

        194. 叶对生，复叶由 3 小叶所成，或顶端小叶形成卷须

        ·· 毛茛科 Ranunculaceae

        ···（锡兰莲属 Naravelia）

        194. 叶互生，单叶。

          195. 花单性。

            196. 心皮多数，结果时聚生成一球状的肉质体或散布于极延长的花托上 ············ 木兰科 Magnoliaceae

            ·······································（五味子亚科 Schisandroideae）

            196. 心皮 3 ~ 6，果为核果或核果状 ············ 防己科 Menispermaceae

          195. 花两性或杂性；心皮数个，果为蓇葖果 ······· 五桠果科 Dilleniaceae

          ···（锡叶藤属 Tetracera）

191. 茎直立，不为攀援性。

　197. 雄蕊的花丝连成单体　……………………………………　锦葵科 Malvaceae

　197. 雄蕊的花丝互相分离。

　　198. 草本植物，稀可分为亚灌木；叶片多少有些分裂或为复叶。

　　　199. 叶无托叶；种子有胚乳　………………………………　毛茛科 Ranunculaceae

　　　199. 叶多有托叶；种子无胚乳　………………………………　蔷薇科 Rosaceae

　　198. 木本植物；叶片全缘或边缘有锯齿，也稀有分裂者。

　　　200. 萼片及花瓣均为镊合状排列；胚乳具嚼痕　…………　番荔枝科 Annonaceae

　　　200. 萼片及花瓣均为覆瓦状排列；胚乳具嚼痕。

　　　　201. 萼片及花瓣相同，三出数，排列成 3 层或多层，均可脱落

　　　　　………………………………………………………　木兰科 Magnoliaceae

　　　　201. 萼片及花瓣甚有分化，多为五出数，排列成 2 层，萼片宿存。

　　　　　202. 心皮 3 个至多数；花柱互相分离；胚珠为不定数

　　　　　　………………………………………………　五桠果科 Dilleniaceae

　　　　　202. 心皮 3～10；花柱完全合生；胚珠单生　……　金莲木科 Ochnaceae

　　　　　　………………………………………………………　（金莲木属 *Ochna*）

188. 雌蕊 1 个，但花柱或柱头为 1 至多数。

　203. 叶片中具透明微点。

　　204. 叶互生，羽状复叶或退化为仅有 1 顶生小叶　……………　芸香科 Rutaceae

　　204. 叶对生，单叶　……………………………………………　藤黄科 Guttiferae

　203. 叶片中无透明微点。

　　205. 子房单纯，具 1 子房室。

　　　206. 乔木或灌木；花瓣呈镊合状排列；果实为荚果…………　豆科 Leguminosae

　　　　………………………………………………………　（含羞草亚科 Mimosoideae）

　　　206. 草本植物；花瓣呈覆瓦状排列；果实不是荚果。

　　　　207. 花为五出数；蓇葖果　……………………………　毛茛科 Ranunculaceae

　　　　207. 花为三出数；浆果　………………………………　小檗科 Berberidaceae

　　205. 子房为复合性.

　　　208. 子房 1 室，或在马齿苋科的土人参属 *Talinum* 中子房基部为 3 室。

　　　　209. 特立中央胎座。

　　　　　210. 草本；叶互生或对生；子房的基部 3 室，有多数胚珠

　　　　　　………………………………………………　马齿苋科 Portulacaceae

　　　　　　………………………………………………………　（土人参属 *Talinum*）

　　　　　210. 灌木；叶对生；子房 1 室，内有成为 3 对的 6 个胚珠

　　　　　　………………………………………………　红树科 Rhizophoraceae

　　　　　　………………………………………………………　（秋茄树属 *Kandelia*）

　　　　209. 侧膜胎座。

　　　　　211. 灌木或小乔木（在半日花科中常为亚灌木或草本植物），子房柄不存在
或极短；果实为蒴果或浆果。

　　　　　　212. 叶对生；萼片不相等，外面 2 片较小，或有时退化，内面 3 片呈旋
转状排列　………………………………………　半日花科 Cistaceae

　　　　　　　………………………………………………………　（半日花属 *Helianthemum*）

　　　　　　212. 叶常互生，萼片相等，呈覆瓦状或镊合状排列。

213. 植物体内含有色泽的汁液；叶具掌状脉，全缘；萼片 5 片，互相分离，基部有腺体；种皮肉质，红色 ………… 红木科 Bixaceae
…………………………………………………………………… （红木属 *Bixa*）

213. 植物体内不含有色泽的汁液；叶具羽状脉和掌状脉；叶缘有锯齿或全缘；萼片 3 ~ 8 片，离生或合生；种皮坚硬，干燥 …………
…………………………………………………………… 大风子科 Flacourtiaceae

211. 草本植物，如为木本植物时，则具有显著的子房柄；果实为浆果或核果。

214. 植物体内含乳汁；萼片 2 ~ 3 ………………………… 罂粟科 Papaveraceae

214. 植物体内不含乳汁；萼片 4 ~ 8。

215. 叶为单叶或掌状复叶；花瓣完整；长角果
…………………………………………………………… 白花菜科 Capparidaceae

215. 叶为单叶，或为羽状复叶或分裂；花瓣具缺刻或细裂；蒴果仅于顶端裂开 …………………………………………… 木犀草科 Resedaceae

208. 子房 2 室至多室，或为不完全的 2 至多室。

216. 草本植物，具多少有些呈花瓣状的萼片。

217. 水生植物；花瓣为多数雄蕊或鳞片状的蜜腺叶所代替。
…………………………………………………………… 睡莲科 （Nymphaeaceae）
…………………………………………………………………… （萍蓬草属 *Nuphar*）

217. 陆生植物；花瓣不为蜜腺叶所代替。

218. 一年生草本植物；叶呈羽状细裂；花两性 …… 毛茛科 Ranunculaceae
…………………………………………………………………… （黑种草属 *Nigella*）

218. 多年生草本植物；叶全缘而呈掌状分裂；雌雄同株
…………………………………………………………… 大戟科 Euphorbiaceae
…………………………………………………………………… （麻疯树属 *Jatropha*）

216. 木本植物，或陆生草本植物，常不具呈花瓣状的萼片。

219. 萼片于蕾内呈镊合状排列。

220. 雄蕊互相分离或连成数束。

221. 花药 1 室或数室；叶为掌状复叶或单叶，全缘，具羽状脉
…………………………………………………………… 木棉科 Bombacaceae

221. 花药 2 室；叶为单叶，叶缘有锯齿或全缘。

222. 花药以顶端 2 孔裂开 ……………………… 杜英科 Elaeocarpaceae

222. 花药纵长裂开 ………………………………………… 椴树科 Tiliaceae

220. 雄蕊连为单体，至少内层者如此，并且多少有些连成管状。

223. 花单性；萼片 2 或 3 片 ………………………… 大戟科 Euphorbiaceae
…………………………………………………………………… （油桐属 *Aleurites*）

223. 花常两性；萼片多 5 片，稀可较少。

224. 花药 2 室或更多室。

225. 无副萼；多有不育雄蕊；花药 2 室；叶为单叶或掌状分
…………………………………………………………… 梧桐树 Sterculiaceae

225. 有副萼；无不育雄蕊；花药数室；叶为单叶，全缘且具羽状脉 ………………………………………… 木棉科 Bombacaceae
…………………………………………………………………… （榴莲属 *Durio*）

224. 花药 1 室。

 226. 花粉粒表面平滑；叶为掌状复叶 ……… 木棉科 Bombacaceae
  ……………………………………………（木棉属 *Gossampinus*）

 226. 花粉粒表面有刺；叶有各种情形 ………… 锦葵科 Malvaceae

219. 萼片于蕾片内呈覆瓦状或旋转状排列，或有时（如大戟科
 的巴豆属 *Croton*）近于呈镊合状排列。

 227. 雌雄同株或稀可异株；果实为蒴果，由 2~4 个各自裂为
  2 瓣的离果所成 ………………………… 大戟科 Euphorbiaceae

 227. 花常两性，或在猕猴桃属 *Actinidia* 中为杂性或雌雄异株；
  果实为其他情形。

  228. 萼片在果实时增大且成翅状；雄蕊具伸长的花药隔
   …………………………… 龙脑香科 Dipterocarpaceae

  228. 萼片及雄蕊二者不为上述情形。

   229. 雄蕊排列成二层，外层 10 个和花瓣对生，内层 5 个
    和萼片对生 ……………………… 蒺藜科 Zygophyllaceae
    ……………………………………（骆驼蓬属 *Peganum*）

   229. 雄蕊的排列为其他情形。

    230. 食虫的草本植物；叶基生，呈管状，其上再具有
     小叶片 ………………… 瓶子草科 Sarraceniaceae

    230. 不是食虫植物；叶茎生或基生，但不呈管状。

     231. 植物体呈耐寒旱状；叶为全缘单叶。

      232. 叶对生或上部者互生；萼片 5 片，互不相等，
       外面 2 片较小或有时退化，内面 3 片较大，
       成旋转状排列，宿存；花瓣早落 …………
       ………………………… 半日花科 Cistaceae

      232. 叶互生；萼片 5 片，大小相等；花瓣宿存；
       在内侧基部各有 2 舌状物 …………
       ………………………… 柽柳科 Tamaricaceae
       ……………………（琵琶柴属 *Reaumuria*）

     231. 植物体不是耐寒旱状；叶常互生；萼片 2~5 片，
      彼此相等；呈覆瓦状或稀可呈镊合状排列。

      233. 草本或木本植物；花为四出数，或其萼片多
       为 2 片且早落。

       234. 植物体内含乳汁；无或有极短子房柄；种
        子有丰富胚乳 ……… 罂粟科 Papaveraceae

       234. 植物体内不含乳汁；有细长的子房柄；种
        子无或有少量胚乳 …………
        ………………… 白花菜科 Capparidaceae

      233. 木本植物；花常为五出数，萼片宿存或脱落。

       235. 果实为具 5 个棱角的蒴果，分成 5 个骨质
        各含 1 或 2 种子的心皮后，再各沿其缝线
        而 2 瓣裂开 ………… 蔷薇科 Rosaceae
        ………………………（白鹃梅属 *Exochorda*）

235. 果实不为蒴果，如为蒴果时则为胞背裂开。

 236. 蔓生或攀援的灌木；雄蕊互相分离；子房 5 室或更多室；浆果，常可食 …… ………… 猕猴桃科 Actinidiaceae

 236. 直立乔木或灌木；雄蕊至少在外层者连为单体，或连成 3~5 束而着生于花瓣的基部；子房 5~3 室。

  237. 花药能转动，以顶端孔裂开；浆果；胚乳颇丰富………… 猕猴桃 Actinidiaceae ………………… （水冬哥属 *Saurauia*）

  237. 花药能或不能转动，常纵长裂开；果实有各种情形；胚乳通常量微小 ………………… 山茶科 Theaceae

161. 成熟雄蕊 10 个或较少，如多于 10 个时，其数并不超过花瓣的 2 倍。

238. 成熟雄蕊和花瓣同数，且和它对生。（次 238 项见 169 页）

 239. 雌蕊 3 个至多数，离生。

  240. 直立草本或亚灌木；花两性，五出数 ………………… 蔷薇科 Rosaceae …………………（地蔷薇属 *Chamaerhodos*）

  240. 木质或草质藤本花单性，常为三出数。

   241. 叶常为单叶；花小型；核果；心皮 3~6，呈星状排列，各含 1 胚珠 ………………… 防己科 Menispermaceae

   241. 叶为掌状复叶或由 3 小叶组成；花中型；浆果；心皮 3 个至多数，轮状或螺旋状排列，各含 1 个或多数胚珠 ………… 木通科 Lardizabalaceae

239. 雌蕊 1 个。

 242. 子房 2 至数室。

  243. 花萼裂齿不明显或微小；以卷须缠绕它物的灌木或草本植物 … 葡萄科 Vitaceae

  243. 花萼具 4~5 片裂片；乔木、灌木或草本植物，有时虽也可为缠绕性，但无卷须。

   244. 雄蕊连成单体。

    245. 叶为单叶；每子房室内含胚珠 2~6 个（或在可可树亚族 Theobromineae 中为多数）………………… 梧桐科 Sterculiaceae

    245. 叶为掌状复叶；每子房室内含胚珠多数 ………… 木棉科 Bombacaceae …………………（吉贝属 *Ceiba*）

   244. 雄蕊互相分离，或稀可其下部连成一管。

    246. 叶无托叶；萼片各不相等，呈覆瓦状排列；花瓣不相等，在内层的 2 片常很小 ………………… 清风藤科 Sabiaceae

    246. 叶常有托叶；萼片同大，呈镊合状排列；花瓣均大小同形。

     247. 叶为单叶 ………………… 鼠李科 Rhamnaceae

     247. 叶为 1~3 回羽状复叶 ………………… 葡萄科 Vitaceae …………………（火筒树属 *Leea*）

 242. 子房 1 室（在马齿苋科的土人参属 *Talinum* 及铁青树科的铁青树属 *Olax* 中则子房的下部多少有些成为 3 室）。

  248. 子房下位或半下位。

249. 叶互生，边缘常有锯齿；蒴果 ……………………… 大风子科 Flacourtiaceae
………………………………………………………（天料木属 *Homalium*）

249. 叶多对生或轮生，全缘；浆果或核果 ……………… 桑寄生科 Loranthaceae

248. 子房上位。

250. 花药以舌瓣裂开 …………………………………… 小檗科 Berberidaceae

250. 花药不以舌瓣裂开。

251. 缠绕草本；胚珠1个；叶肥厚，肉质 ……………… 落葵科 Basellaceae
………………………………………………………（落葵属 *Basella*）

251. 直立草本，或有时为木本；胚珠1个至多数。

252. 雄蕊连成单体；胚珠2个 …………………… 梧桐科 Sterculiaceae
………………………………………………………（蛇婆子属 *Walthenia*）

252. 雄蕊互相分离；胚珠1个至多数。

253. 花瓣6~9片；雌蕊单纯 …………………… 小檗科 Berberidaceae

253. 花瓣4~8片；雌蕊复合。

254. 常为草本；花萼有2个分离萼片。

255. 花瓣4片；侧膜胎座 …………………… 罂粟科 Papaveraceae
………………………………………………（角茴香属 *Hypecoum*）

255. 花瓣常5片；基底胎座 ………………… 马齿苋科 Portulacaceae

254. 乔木或灌木，常蔓生；花萼呈倒圆锥形或杯状。

256. 通常雌雄同株；花萼裂片4~5；花瓣呈覆瓦状排列；无不育雄蕊；
胚珠有2层珠被 ……………………… 紫金牛科 Myrsinaceae
（信筒子属 *Embelia*）

256. 花两性；花萼于开花时微小，而具不明显的齿裂；花瓣多为镊合
状排列；有不育雄蕊（有时代以蜜腺）；胚珠无珠被。

257. 花萼于果时增大；子房的下部为3室，上部为1室，内含3个胚
珠…………………………………………… 铁青树科 Olacaceae
………………………………………………………（铁青树属 *Olax*）

257. 花萼于果时不增大；子房1室，内仅含1个胚珠
…………………………………………………… 山柚子科 Opiliaceae

238. 成熟雄蕊和花瓣不同数，如同数时则雄蕊和它互生。

258. 雌雄异株；雄蕊8个，不相同，其中5个较长，有伸出花外的花丝，且和花瓣相互
生，另3个则较短而藏于花内；灌木或灌木状草本；互生或对生单叶；心皮单生；
雌花无花被，无梗，贴生于宽圆形的叶状苞片上 …………… 漆树科 Anacardiaceae
………………………………………………………（九子不离母属 *Dobinea*）

258. 花两性或单性，纵为雌雄异株时，其雄花中也无上述情形的雄蕊。

259. 花萼或其筒部和子房多少有些相连合。（次259项见170页）

260. 每子房室内含胚珠或种子2个至多数。

261. 花药以顶端孔裂开；草本或木本植物；叶对生或轮生，大都于叶片基部具3~
9脉 …………………………………………………… 野牡丹科 Melastomaceae

261. 花药纵长裂开。

262. 草本或亚灌木；有时为攀援性。

263. 具卷须的攀援草本；花单性 ……………………… 葫芦科 Cucurbitaceae

263. 无卷须的植物；花常两性。

167

264. 萼片或花萼裂片 2 片；植物体多少肉质而多水分
　　　…………………………………………………………… 马齿苋科 Portulacaceae
　　　…………………………………………………………（马齿苋属 *Portulaca*）
264. 萼片或花萼裂片 4 片 ~ 5 片；植物体常不为肉质。
　　265. 花萼裂片呈覆瓦或镊合状排列；花柱 2 个或更多；种子具胚乳
　　　………………………………………………………… 虎耳草科 Saxifragaceae
　　265. 花萼裂片呈镊合状排列；花柱 1 个，具 2 ~ 4 裂，或为 1 呈头状的柱
　　　头；种子无胚乳 ………………………………… 柳叶菜科 Onagraceae
262. 乔木或灌木，有时为攀援性。
　266. 叶互生。
　　267. 花数朵至多数成头状花序；常绿乔木；叶革质，全缘或具浅裂
　　　………………………………………………… 金缕梅科 Hamamelidaceae
　　267. 花成总状或圆锥花序。
　　　268. 灌木；叶为掌状分裂，基部具 3 ~ 5 脉；子房 1 室，有多数胚珠；浆
　　　果 ……………………………………………… 虎耳草科 Saxifragaceae
　　　………………………………………………………（茶藨子属 *Ribes*）
　　　268. 乔木或灌木；叶缘有锯齿或细锯齿，有时全缘，具羽状脉；子房 3 ~
　　　5 室，每室内含 2 至数个胚珠，或在山茉莉属 *Huodendron* 为多数；干
　　　燥或木质核果，或蒴果，有时具棱角或有翅 … 野茉莉科 Styracaceae
　266. 叶常对生（使君子科的榄李树属 *Lumnitzera* 例外，同科的风车子属 *Com-
bretum* 也可有时为互生，或互生和对生共存于一枝上）。
　　269. 胚珠多数，除冠盖藤属 *Pileostegia* 自子房室顶端垂悬外，均位于侧膜或
　　　中轴胎座上；浆果或蒴果；叶缘有锯齿或为全缘，但均无托叶；种子
　　　含胚乳 ………………………………………… 虎耳草科 Saxifragaceae
　269. 胚珠 2 个至数个，近于自房室顶端垂悬；叶全缘或有圆锯齿；果实多
　　不裂开，内有种子 1 至数个。
　　270. 乔木或灌木，常为蔓生，无托叶，不为形成海岸林的组成分子（榄
　　　李树属 *Lumnitzera* 例外）；种子无胚乳，落地后始萌芽………………
　　　………………………………………………… 使君子科 Combretaceae
　　270. 常绿灌木或小乔木，具托叶；多为形成海岸林的主要组成分子；种
　　　子常有胚乳，在落地前即萌牙（胎生） …… 红树科 Rhizophoraceae
260. 每子房室内仅含胚珠或种子 1 个。
　271. 果实裂开为 2 个干燥的离果，并共同悬于一果梗上；花序常为伞形花序（在
　　变豆菜属 *Sanicula* 及鸭儿芹属 *Cryptotaenia* 中为不规则的花序，在刺芹菱属 *Er-
yngium* 中，则为头状花序）……………………… 伞形科 Umbelliferae
271. 果实不裂开或裂开而不是上述情形的；花序可为各种型式。
　272. 草本植物。
　　273. 花柱或柱头 2 ~ 4 个；种子具胚乳；果实为小坚果或核果，具棱角或有翅
　　　……………………………………………… 小二仙草科 Haloragidaceae
　　273. 花柱 1 个，具有 1 头状或呈 2 裂的柱头；种子无胚乳。
　　　274. 陆生草本植物，具对生叶；花为二出数；果实为一具钩状刺毛的坚果
　　　…………………………………………………… 柳叶菜科 Onagraceae
　　　…………………………………………………………（露珠草属 *Circaea*）

274. 水生草植物，有聚生而漂浮水面的叶片；花为四出数；果实为具 2 ~ 4 刺的坚果（栽培种果实可无显著的刺） ················ 菱科 Trapaceae
··· （菱属 *Trapa*）

272. 木本植物。

  275. 果实干燥或为蒴果状。

    276. 子房 2 室；花柱 2 个 ··················· 金缕梅科 Hamamelidaceae

    276. 子房 1 室；花柱 1 个。

      277. 花序伞房状或圆锥状 ··············· 莲叶桐科 Hernandiaceae

      277. 花序头状··························· 珙桐科 Nyssaceae
·· （旱莲木属 *Camptotheca*）

  275. 果实核果或浆果状。

    278. 叶互生或对生；花瓣呈镊合状排列；花序有各种型式，但稀为伞形或头状，有时且可生于叶片上。

      279. 花瓣 3 ~ 5，卵形至披针形；花药短 ··········· 山茱萸科 Cornaceae

      279. 花瓣 4 ~ 10，狭窄形并向外翻转；花药细长 ··· 八角枫科 Alangiaceae
·· （八角枫属 *Alangium*）

    278. 叶互生；花瓣呈覆瓦状或镊合状排列；花序常为伞形可呈头状。

      280. 子房 1 室；花柱 1 个；花杂性兼雌雄异株，雌花单生或以少数朵至数朵聚生，雌花多数，腋生为有花梗的簇丛 ····· 珙桐科 Nyssaceae
·· （蓝果树属 *Nyssa*）

      280. 子房 2 室或更多室；花柱 2 ~ 5；如子房为 1 室而具 1 花柱时（例如马蹄参属 *Diplopanax*），则花两性，形成顶生类似穗状的花序········
··· 五加科 Araliaceae

259. 花萼和子房相分离。

  281. 叶片中有透明微点。

    282. 花整齐，稀可两侧对称；果实不为荚果 ··········· 芸香科 Rutaceae

    282. 花整齐或不整齐；果实为荚果··········· 豆科 Leguminosae

  281. 叶片中无透明微点。

    283. 雌蕊 2 个或更多，互相分离或仅有局部的连合；也可子房分离而花柱连合成 1 个。

    284. 多水分的草本，具肉质的茎及叶·············· 景天科 Crassulaceae

    284. 植物体为其他情形。

      285. 花为周位花。

        286: 花的各部分呈螺旋状排列，萼片逐渐变为花瓣；雄蕊 5 或 6 个；雌蕊多数 ·············· 蜡梅科 Calycanthaceae
·· （蜡梅属 *Chimonanthus*）

        286. 花的各部分呈轮状排列，萼片和花瓣甚有分化。

          287. 雌蕊 2 ~ 4 个，各有多数胚珠；种子有胚乳；无托叶
··· 虎耳草科 Saxifragaceae

          287. 雌蕊 2 个至多数，各有 1 至数个胚珠；种子无胚乳；有或无托叶
··· 蔷薇科 Rosaceae

      285. 花为下位花，或在悬铃木科中微呈周位。

        288. 草本或亚灌木。

289. 各子房的花柱互相分离。

    290. 叶常互生或基生，多少有些分裂；花瓣脱落性，较萼片为大，或于天葵属 *Semiaquilegia* 稍小于成花瓣状的萼片 …………………………………… 毛茛科 Ranunculaceae

    290. 叶对生或轮生，为全缘单叶；花瓣宿存性，较萼片小 ………………………………………… 马桑科 Coriariaceae
………………………………………… （马桑属 *Coriaria*）

289. 各子房合具 1 共同的花柱或柱头；叶为羽状复叶；花为五出数；花萼宿存；花中有和花瓣互生的腺体；雄蕊 10 个 …………………………………… 牻牛儿苗科 Geraniaceae
………………………………………… （熏倒牛属 *Biebersteinia*）

288. 乔木、灌木或木本的攀援植物。

 291. 叶为单叶。

    292. 叶对生或轮生 ………………………………… 马桑科 Coriariaceae
………………………………………… （马桑属 *Coriaria*）

    292. 叶互生。

      293. 叶为脱落性，具掌状脉；叶柄基部扩张成帽状以覆盖腋芽 ………………………………… 悬铃木科 Platanaceae
………………………………………… （悬铃木属 *Platanus*）

      293. 叶为常绿性或脱落性，具羽状脉。

        294. 雌蕊 7 个至多数（稀可少至 5 个）；直立或缠绕性灌木；花两性或单性 …………………………… 木兰科 Magnoliaceae

        294. 雌蕊 4~6 个；乔木或灌木；花两性。

          295. 子房 5 或 6 个，以 1 共同的花柱而连合，各子房可成熟核果 …………………………… 金莲木科 Ochnaceae
………………………………………… （赛金莲木属 *Ouratia*）

          295. 子房 4~6，各具 1 花柱，仅有 1 子房可成熟为核果 …………………………… 漆树科 Anacardiaccae
………………………………………… （山木羡 仔属 *Buchanania*）

 291. 叶为复叶。

    296. 叶对生 ………………………………… 省沽油科 Staphyleaceae

    296. 叶互生。

      297. 木质藤木；叶为掌状复叶或三出复叶 … 木通科 Lardizabalaceae

      297. 乔木或灌木（有时在牛栓藤科中有缠绕性者）；叶为羽状复叶。

        298. 果实为 1 含多数种子的浆果，状似猫屎 ………………………………… 木通科 Lardizabalaceae
………………………………………… （猫儿屎属 *Decaisnea*）

        298. 果实为其他情形。

          299. 果实为蓇葖果 ………………………… 牛栓藤科 Connaraceae

          299. 果实为离果，或在臭椿属 *Ailanthus* 中为翅果 …………………………………… 苦木科 Simaroubaceae

283. 雌蕊 1 个，或至少其子房为 1 个。

 300. 雌蕊或子房确是单纯的，仅 1 室。

301. 果实为核果或浆果。

    302. 花为三出数，稀可二出数；花药以舌瓣裂开 …………… 樟科 Lauraceae

    302. 花为五出或四出数；花药纵长裂开。

        303. 落叶具刺灌木；雄蕊 10 个，周位，均可发育 …… 蔷薇科 Rosaceae

        …………………………………………………… （扁核木属 Prinsepia）

        303. 常绿乔木；雄蕊 1~5 个，下位，常仅其中 1 或 2 个可发育

        …………………………………………………… 漆树科 Anacardiaceae

        …………………………………………………… （杧果属 Mangifera）

301. 果实为蓇葖果或荚果。

    304. 果实为蓇葖果。

        305. 落叶灌木；叶为单叶；蓇葖果内含 2 至数个种子 …… 蔷薇科 Rosaceae

        （绣线菊亚科 Spiraeoideae）

        305. 常为木质藤本；叶多为单数复叶或具 3 小叶，有时因退化而只有 1 小叶；蓇葖果内仅含 1 个种子 ………………… 牛栓藤科 Connaraceae

    304. 果实为荚果 …………………………………… 豆科 Leguminosae

300. 雌蕊或子房并非单纯者，有 1 个以上的子房室或花柱、柱头、胎座等部分。

    306. 子房 1 室或因有 1 假隔膜的发育而成 2 室，有时下部 2~5 室，上部 1 室。

        307. 花下位，花瓣 4 片，稀可更多。

            308. 萼片 2 片 …………………………………… 罂粟科 Papaveraceae

            308. 萼片 4~8 片。

                309. 子房柄常细长，呈线状 ……………… 白花菜科 Capparidaceae

                309. 子房柄极短或不存在。

                    310. 子房为 2 个心皮连合组成，常具 2 子房室及 1 假隔膜

                    …………………………………………… 十字花科 Cruciferae

                    310. 子房 3 个~6 个心皮连合组成，仅 1 子房室。

                        311. 叶对生，微小，为耐寒旱性；花为辐射对称；花瓣完整，具瓣爪，其内侧并无鳞片状的附属物 ……………………

                        ………………………………………… 瓣鳞花科 Frankeniaceae

                        ………………………………………… （瓣鳞花属 Frankenia）

                        311. 叶互生，显著，非为耐寒旱性；花为两侧对称；花瓣常分裂，但其内侧并无鳞片状的附属物 ………… 木犀草科 Resedaceae

        307. 花周位或下位，花瓣 3~5 片，稀可 2 片或更多。

            312. 每子房室内仅有胚珠 1 个。

                313. 乔木，或稀为灌木；叶常为羽状复叶。

                    314. 叶常为羽状复叶，具托叶及小托叶 …… 省沽油科 Staphyleaceae

                    …………………………………………… （银鹊树属 Tapiscia）

                  314. 叶为羽状复叶或单叶，无托叶及小托叶 …… 漆树科 Anacardiaceae

                313. 木本或草本；叶为单叶。

                  315. 通常均为木本，稀可在樟科的无根藤属 Cassytha 则为缠绕性寄生草本；叶常互生，无膜质托叶。

                    316. 乔木或灌木；无托叶；花为三出或二出数；萼片和花瓣同形，稀可花瓣较大；花药以舌瓣裂开；浆果或核果 ………………

                    …………………………………………………… 樟科 Lauraceae

316. 蔓生性的灌木，茎为合轴型，具钩状的分枝；托叶小而早落，花为五出数，萼片和花瓣不同形，前者且于结实时增大成翅状；花药纵长裂开；坚果⋯⋯⋯⋯ 钩枝藤科 Ancistrocladaceae
⋯⋯⋯⋯⋯⋯⋯⋯⋯⋯⋯⋯（钩枝藤属 *Ancistrocladus*）

315. 草本或亚灌木；叶互生或对生，具膜质托叶 ⋯ 蓼科 Polygonaceae

312. 每子房室内仅有胚珠 2 个至多数。

317. 乔木、灌木或木质藤本。

318. 花瓣及雄蕊均着生于花萼上 ⋯⋯⋯⋯⋯ 千屈菜科 Lythraceae

318. 花瓣及雄蕊均着生于花托上（或于西番莲科中雄蕊着生于子房柄上）。

319. 核果或翅果，仅有 1 种子。

320. 花萼具显著的 4 或 5 裂片或裂齿，微小而不能长大
⋯⋯⋯⋯⋯⋯⋯⋯ 茶茱萸科 Icacinaceae

320. 花萼呈截平头或具不明显的萼齿，微小，但能在果实上增大 ⋯⋯⋯⋯⋯⋯⋯ 铁青树科 Olacaceae
⋯⋯⋯⋯⋯⋯⋯⋯⋯⋯（铁青树属 *Olax*）

319. 蒴果或浆果，内有 2 个至多数种子。

321. 花两侧对称。

322. 叶为 2 ~ 3 回羽状复叶；雄蕊 5 个 ⋯ 辣木科 Moringaceae
⋯⋯⋯⋯⋯⋯⋯⋯⋯⋯⋯（辣木属 *Moringa*）

322. 叶为全缘的单叶；雄蕊 8 个 ⋯⋯⋯ 远志科 Polygalaceae

321. 花辐射对称；叶为单叶或掌状分裂。

323. 花瓣具有直立而常彼此衔接的瓣爪
⋯⋯⋯⋯⋯⋯⋯⋯ 海桐花科 Pittosporaceae
⋯⋯⋯⋯⋯⋯⋯⋯⋯⋯（海桐花属 *Pittosporum*）

323. 花瓣不具细长的瓣爪。

324. 植物体为耐寒旱性，有鳞片状或细长形的叶片；花无小苞片⋯⋯⋯⋯⋯⋯⋯⋯⋯ 柽柳科 Tamariaceae

324. 植物体非为耐寒旱性，具有较宽大的叶片。

325. 花两性。

326. 花萼和花瓣不甚分化，且前者较大
⋯⋯⋯⋯⋯⋯⋯ 大风子科 Flacourtiaceae
⋯⋯⋯⋯⋯⋯⋯⋯（红子木属 *Erythrospermum*）

326. 花萼和花瓣很有分化，前者很小
⋯⋯⋯⋯⋯⋯⋯⋯⋯ 堇菜科 Violaceae
⋯⋯⋯⋯⋯⋯⋯⋯⋯（雷诺木属 *Rinorea*）

325. 雌雄异株或花杂性。

327. 乔木；花的每一花瓣基部各具位于内方的一鳞片；无子房柄 ⋯⋯⋯⋯ 大风子科 Flacourtiaceae
⋯⋯⋯⋯⋯⋯⋯⋯⋯（大风子属 *Hydnocarpus*）

327. 多为具卷须而攀援的灌木；花常具一为 5 鳞片所成的副冠，各鳞片和萼片相对生；有子房柄⋯⋯
⋯⋯⋯⋯⋯⋯⋯⋯ 西番莲科 Passifloraceae

　　　　　　　　　　　　　　　　　　……………………………（蒴莲属 *Adenia*）
　　317. 草本或亚灌木。
　　　　328. 胎座位于子房室的中央或基底。
　　　　　　329. 花瓣着生于花萼的喉部 ………………… 千屈菜科 Lythraceae
　　　　　　329. 花瓣着生于花托上。
　　　　　　　　330. 萼片 2 片；叶互生，稀可对生 …… 马齿苋科 Portulacaceae
　　　　　　　　330. 萼片 5 或 4 片；叶对生 …………… 石竹科 Caryophyllaceae
　　　　328. 胎座为侧膜胎座。
　　　　　　331. 食虫植物，具生有腺体刚毛的叶片 …… 茅膏菜科 Droseraceae
　　　　　　331. 非为食虫植物，也无生有腺体毛茸的叶片。
　　　　　　　　332. 花两侧对称。
　　　　　　　　　　333. 花有一位于前方的距状物；蒴果 3 瓣裂开
　　　　　　　　　　　　…………………………………… 堇菜科 Violaceae
　　　　　　　　　　333. 花有一位于后方的大型花盘；蒴果仅于顶端裂开
　　　　　　　　　　　　…………………………………… 木犀草科 Resedaceae
　　　　　　　　332. 花整齐或近于整齐。
　　　　　　　　　　334. 植物体为耐寒旱性；花瓣内侧各有 1 舌状的鳞片
　　　　　　　　　　　　………………………………… 瓣鳞花科 Frankeniaceae
　　　　　　　　　　　　…………………………………（瓣鳞花属 *Frankenia*）
　　　　　　　　　　334. 植物体非为耐寒旱性；花瓣内侧无鳞片的舌状附属物。
　　　　　　　　　　　　335. 花中有副冠及子房柄 ……… 西番莲科 Passifloraceae
　　　　　　　　　　　　…………………………………（西番莲属 *Passiflora*）
　　　　　　　　　　　　335. 花中无副冠及子房柄 ………… 虎耳草科 Saxifragaceae
306. 子房 2 室或更多室。
　336. 花瓣形状彼此极不相等。
　　337. 每子房室内有数个至多数胚珠。
　　　338. 子房 2 室 ………………………………………… 虎耳草科 Saxifragaceae
　　　338. 子房 5 室 ………………………………………… 凤仙花科 Balsaminaceae
　　337. 每子房室内仅有 1 个胚珠。
　　　339. 子房 3 室；雄蕊离生；叶盾状，叶缘具棱角或波纹
　　　　　………………………………………………………… 旱金莲科 Tropaeolaceae
　　　　　…………………………………………………………（旱金莲属 *Tropaeolum*）
　　　339. 子房 2 室（稀可 1 或 3 室）；雄蕊连合为一单体；叶不呈盾状，全
　　　　　缘……………………………………………………… 远志科 Polygalaceae
　336. 花瓣形状彼此相等或微有不等，且有时花也可为两侧对称。
　　340. 雄蕊数和花瓣数既不相等，也不是它的倍数。
　　　341. 叶对生。
　　　　342. 雄蕊 4 ~ 10 个，常 8 个。
　　　　　343. 蒴果 ………………………………………… 七叶树科 Hippocastanaceae
　　　　　343. 翅果 ………………………………………… 槭树科 Aceraceae
　　　　342. 雄蕊 2 或 3 个，也稀可 4 或 5 个。
　　　　　344. 萼片及花瓣均为五出数；雄蕊多为 3 个
　　　　　　…………………………………………………… 翅子藤科 Hippocrateaceae

344. 萼片及花瓣常均为四出数；雄蕊 2 个，稀可 3 个

·· 木犀科 Oleaceae

341. 叶互生。

345. 叶为单叶，多全缘，或在油桐属 *Aleurites* 中可具 3 ~ 7 裂片；花
单性 ······································ 大戟科 Euphorbiaceae

345. 叶为单叶或复叶；花两性或杂性。

346. 萼片为镊合状排列；雄蕊连成单体 ······ 梧桐科 Sterculiaceae

346. 萼片为覆瓦状排列；雄蕊离生。

347. 子房 4 或 5 室，每子房室内有 8 ~ 12 胚珠；种子具翅

······································ 楝科 Meliaceae

·································· （香椿属 *Toona*）

347. 子房常 3 室，每子房室内有 1 至数个胚珠；种子无翅。

348. 花小型或中型，下位，萼片互相分离或微有连合

···································· 无患子科 Sapindaceae

348. 花大型，美丽，周位，萼片互相连合成一钟形的花萼

·· 钟萼木科 Bretschneideraceae

·· （钟萼木属 *Bretschneidera*）

340. 雄蕊数和花瓣数相等，或是它的倍数。

349. 每子房室内有胚珠或种子 3 个至多数。

350. 叶为复叶。

351. 雄蕊连合成单体 ······················ 酢浆草科 Oxalidaceae

351. 雄蕊彼此相互分离。

352. 叶互生。

353. 叶为 2 ~ 3 回的三出叶，或为掌状叶

···································· 虎耳草科 Saxifragaceae

································· （落新妇亚族 *Astilbinae*）

353. 叶为 1 回羽状复叶 ······················ 楝科 Meliaceae

································· （香椿属 *Toona*）

352. 叶对生。

354. 叶为双数羽状复叶 ················· 蒺藜科 Zygophyllaceae

354. 叶为单数羽状复叶 ················· 省沽油科 Staphyleaceae

350. 叶为单叶。

355. 草本或亚灌木。

356. 花周位；花托多少有些中空。

357. 雄蕊着生于杯状花托的边缘 ······ 虎耳草科 Saxifragaceae

357. 雄蕊着生于杯状或管状花萼（或即花托）的内侧

···································· 千屈菜科 Lythraceae

356. 花下位；花托常扁平。

358. 叶对生或轮生，常全缘。

359. 水生或沼泽草本，有时（例如田繁缕属 *Bergia*）为亚
灌木；有托叶 ······················ 沟繁缕科 Elatinaceae

359. 陆生草本；无托叶 ············· 石竹科 Caryophyllaceae

358. 叶互生或基生；稀可对生，边缘有锯齿，或叶退化为无

　　　　　　绿色组织的鳞片。

　　　　360. 草本或亚灌木；有托叶；萼片呈镊合状排列，脱落性
　　　　　　…………………… 椴树科 Tiliaceae
　　　　　　…………（黄麻属 Corchorus，田麻属 Corchoropsis）

　　　　360. 多年生常绿草本，或为死物寄生植物而无绿色组织；
　　　　　　无托叶；萼片呈覆瓦状排列，宿存性 …………
　　　　　　………………………… 鹿蹄草科 Pyrolaceae

355. 木本植物。
　　361. 花瓣常有彼此衔接或其边缘互相依附的柄状瓣爪
　　　　　　海桐花科 Pittosporaceae
　　　　　　……………………（海桐花属 Pittosporum）

　　361. 花瓣无瓣爪，或仅具互相分离的细长柄状瓣爪。
　　362. 花托空凹；萼片呈镊合状或覆瓦状排列。
　　363. 叶互生，边缘有锯齿，常绿性
　　　　　　虎耳草科 Saxifragaceae
　　　　　　…………………………（鼠刺属 Itea）

　　363. 叶对生或互生，全缘，脱落性。
　　　　364. 子房 2 室～6 室，仅具 1 花柱；胚珠多数，着生于中
　　　　　　轴胎座上 …………… 千屈菜科 Lythraceae

　　　　364. 子房 2 室，具 2 花柱；胚珠数个，垂悬于中轴胎座
　　　　　　上………………… 金缕梅科 Hamamelidaceae
　　　　　　…………………………（双花木属 Disanthus）

　　362. 花托扁平或微凸起；萼片呈覆瓦状或于杜英科中呈镊合
　　　　状排列。
　　365. 花为四出数；果实呈浆果状或核果状；花药纵长裂开
　　　　或顶端舌瓣裂开。
　　　　366. 穗状花序腋生于当年新枝上；花瓣先端具齿裂
　　　　　　………………… 杜英科 Elaeocarpaceae
　　　　　　…………………………（杜英属 Elaeocarpus）

　　　　366. 穗状花序腋生于昔年老枝上；花瓣完整
　　　　　　………………… 旌节花科 Stachyuraceae
　　　　　　…………………………（旌节花属 Stachyurus）

　　365. 花为五出数；果实呈蒴果状；花药顶端孔裂。
　　　　367. 花粉粒单纯；子房 3 室 ………… 山柳科 Clethraceae
　　　　　　…………………………（山柳属 Clethra）

　　　　367. 花粉粒复合，成为四合体；子房 5 室
　　　　　　…………………………… 杜鹃花科 Ericaceae

349. 每子房室内有胚珠或种子 1 或 2 个。
　　368. 草本植物，有时基部呈灌木状。
　　369. 花单性、杂性，或雌雄异株。
　　370. 具卷须的藤本；叶为二回三出复叶
　　　　　　………………… 无患子科 Sapindaceae
　　　　　　…………………………（倒地铃属 Cardiospermum）

370. 直立草本或亚灌木；叶为单叶 ········· 大戟科 Euphorbiaceae
369. 花两性。
    371. 萼片呈镊合状排列；果实有刺 ············ 椴树科 Tiliaceae
    ··························（刺蒴麻属 *Triumfetta*）
    371. 萼片呈覆瓦状排列；果实无刺。
      372. 雄蕊彼此分离；花柱互相连合····· 牻牛儿苗科 Geraniaceae
      372. 雄蕊互相连合；花柱彼此分离 ··········· 亚麻科 Linaceae
368. 木本植物。
  373. 叶肉质，通常仅为 1 对小叶所组成的复叶
  ·························· 蒺藜科 Zygophyllaceae
  373. 叶为其他情形。
    374. 叶对生；果实为 1、2 或 3 个翅果所组成。
      375. 花瓣细裂或具齿裂；每果实有 3 个翅果
      ·························· 金虎尾科 Malpighiaceae
      375. 花瓣全缘；每果实具 2 个或连合为 1 个的翅果
      ························· 槭树科 Aceraceae
    374. 叶互生，如为对生时，则果实不为翅果。
      376. 叶为复叶，或稀可为单叶而有具翅的果实。
        377. 雄蕊连为单体。
          378. 萼片及花瓣均为三出数；花药 6 个，花丝生于雄蕊
          管的口部 ····················· 橄榄科 Burseraceae
          378. 萼片及花瓣均为四出至六出数；花药 8~12 个，无
          花丝，直接着生于雄蕊管的喉部或裂齿之间 ······
          ····················· 楝科 Meliaceae
        377. 雄蕊各自分离。
          379. 叶为单叶；果实为一具 3 翅而其内仅有 1 个种子的
          小坚果····················· 卫矛科 Celastraceae
          ··················（雷公藤属 *Tripterygium*）
          379. 叶为复叶；果实无翅。
            380. 花柱 3~5 个；叶常互生，脱落性
            ····················· 漆树科 Anacardiaceae
            380. 花柱 1 个；叶互生或对生。
              381. 叶为羽状复叶，互生，常绿性或脱落性；果实
              有各种类型 ············ 无患子科 Sapindaceae
              381. 叶为掌状复叶，对生，脱落性；果实为蒴果
              ··················· 七叶树科 Hippocastanaceae
      376. 叶为单叶；果实无翅。
        382. 雄蕊连成单体，或如为 2 轮时，至少其内轮者如此，
        有时其花药无花丝（例如大戟科的三宝木属 *Trigonas-*
        temon）。
          383. 花单性；萼片或花萼裂片 2~6 片，呈镊合状或覆瓦
          状排列 ················· 大戟科 Euphorbiaceae
          383. 花两性；萼片 5 片，呈覆瓦状排列。

384. 果实呈蒴果状；子房 3~5 室，各室均可成熟
……………………………… 亚麻科 Linaceae

384. 果实呈核果状；子房 3 室，大都其中的 2 室为不
孕性，仅另 1 室可成熟，而有 1 或 2 个胚珠 …
……………………………… 古柯科 Erythroxylaceae
……………………………（古柯属 *Erythroxylum*）

382. 雄蕊各自分离，有时在毒鼠子科中可和花瓣相连合而
形成 1 管状物。

385. 果呈蒴果状。

386. 叶互生或稀可对生；花下位。

387. 叶脱落性或常绿性；花单性或两性；子房 3 室，
稀可 2 或 4 室，有时可多至 15 室（例如算盘子
属 *Glochidion*）………… 大戟科 Euphorbiaceae

387. 叶常绿性；花两性；子房 5 室
………………………… 五列木科 Pentaphylacaceae
………………………………（五列木属 *Pentaphylax*）

386. 叶对生或互生；花周位……… 卫矛科 Celastraceae

385. 果呈核果状，有时木质化，或呈浆果状。

388. 种子无胚乳，胚体肥大而多肉质。

389. 雄蕊 10 个 …………… 蒺藜科 Zygophyllaceae

389. 雄蕊 4 或 5 个。

390. 叶互生；花瓣 5 片，各 2 裂或成 2 部分
………………… 毒鼠子科 Dichapetalaceae
………………………（毒鼠子属 *Dichapetalum*）

390. 叶对生；花瓣 4 片，均完整
………………… 刺茉莉科 Salvadoraceae
……………………………（刺茉莉属 *Azima*）

388. 种子有胚乳，胚体有时很小。

391. 植物体为耐寒旱性；花单性，三出或二出数
………………………… 岩高兰科 Empetraceae
………………………………（岩高兰属 *Empetrum*）

391. 植物体内普通形状；花两性或单性，五出或四
出数。

392. 花瓣呈镊合状排列。

393. 雄蕊和花瓣同数 ……茶茱萸科 Icacinaceae

393. 雄蕊为花瓣的倍数。

394. 枝条无刺，而有对生的叶片
………………… 红树科 Rhizophoraceae
……………………（红树族 Gynotrocheae）

394. 枝条有刺，而有互生的叶片
………………… 铁青树科 Olacaceae
……………………（海檀木属 *Ximenia*）

392. 花瓣呈覆瓦状排列，或在大戟科的小束花属

Microdesmis 中为扭转兼覆瓦状排列。

395. 花单性，雌雄异株；花瓣较小于萼片
………………………… 大戟科 Euphorbiaceae
………………………（小盘木属 *Microdesmis*）

395. 花两性或单性；花瓣常较大于萼片。

396. 落叶攀援灌木；雄蕊 10 个；子房 5 室，
每室内有胚珠 2 个 ………………………
………………… 猕猴桃科 Actinidiaceae
……………（藤山柳属 *Clematoclethra*）

396. 多为常绿乔木或灌木；雄蕊 4 或 5 个。

397. 花下位，雌雄异株或杂性；无花盘
………………… 冬青科 Aquifoliaceae
……………………………（冬青属 *Ilex*）

397. 花周位，两性或杂性；有花盘
……………………… 卫矛科 Celastraceae
…………………（异卫矛亚科 Cassinioideae）

160. 花冠为多少有些连合的花瓣所组成。

398. 成熟雄蕊或单体雄蕊的花药数多于花冠裂片。

399. 心皮 1 个至数个，互相分离或大致分离。

400. 叶为单叶或有时可为羽状分裂，对生，肉质…………………… 景天科 Crassulaceae

400. 叶为二回羽状复叶，互生，不呈肉质…………………… 豆科 Leguminosae
…………………………………………………（含羞草亚科 Mimosoideae）

399. 心皮 2 个或更多，连合成一复合性子房。

401. 雌雄同株或异株，有时为杂性。

402. 子房 1 室；无分枝而呈棕榈状的小乔木 ………………… 番木瓜科 Caricaceae
…………………………………………………………（番木瓜属 *Carica*）

402. 子房 2 室至多室；具分枝的乔木或灌木。

403. 雄蕊连成单体，或至少内层者如此；蒴果 ……………… 大戟科 Euphorbiaceae
………………………………………………（麻风树科 *Jatropha*）

403. 雄蕊各自分离；浆果 ……………………………………… 柿树科 Ebenaceae

401. 花两性。

404. 药瓣连成一盖状物，或花萼裂片及花瓣均可合成为 1 或 2 层的盖状物。

405. 叶为单叶，具有透明微点 …………………………………… 桃金娘科 Myrtaceae

405. 叶为掌状复叶，无透明微点 ……………………………… 五加科 Araliaceae
………………………………………………………（多蕊木属 *Tupidanthus*）

404. 花瓣及花萼裂片均不连成盖状物。

406. 每个房室中有 3 个至多数胚珠。

407. 雄蕊 5 ~ 10 个或其数不超过花冠裂片的 2 倍，稀可在野茉莉科的银钟花属
Halesia 其数可达 16 个，而为花冠裂片的 4 倍。

408. 雄蕊连成单体或其花丝于基部互相连合；花药纵裂；花粉粒单生。

409. 叶为复叶；叶房上位；花柱 5 个 ……………… 酢浆草科 Oalidacxeae

409. 叶为单叶；子房下位或半下位；花柱 1 个；乔木或灌木，常有星状毛
……………………………………………………… 野茉莉科 Styracaceae

408. 雄蕊各自分离；花药顶端孔裂；花粉粒为四合型 ……… 杜鹃花科 Ericaceae
407. 雄蕊为不定数。
　410. 萼片和花瓣常各为多数，而无显著的区分；子房下位；植物体肉质。绿色，
　　　常具棘针，而其叶退化 …………………………………… 仙人掌科 Cactaceae
　410. 萼片和花瓣常各为 5 片，而有显著的区分；子房上位。
　　411. 萼片呈镊合状排列；雄蕊连成单体 ………………… 锦葵科 Malvaceae
　　411. 萼片呈显著的覆瓦状排列。
　　　412. 雄蕊连成 5 束，且每束着生于 1 花瓣的基部；花药顶端孔裂开；浆果
　　　　　……………………………………………………… 猕猴桃科 Actinidiaceae
　　　　　……………………………………………………………（水冬哥属 Saurauia）
　　　412. 雄蕊的基部连成单体；花药纵长裂开；蒴果 ………… 山茶科 Theaceae
　　　　　…………………………………………………………（紫茎木属 Stewartia）
406. 每子房室中常仅有 1 或 2 个胚珠。
　413. 花萼中的 2 片或更多片于结实时能长大成翅状 …… 龙脑香科 Dipterocarpaceae
　413. 花萼裂片无上述变大的情形。
　　414. 植物体常有星状毛茸 ……………………………… 野茉莉科 Styracaceae
　　414. 植物体无星状毛茸。
　　　415. 子房下位或半下位；果实歪斜 ………………… 山矾科 Symplocaceae
　　　　　……………………………………………………………（山矾属 Symplocos）
　　　415. 子房上位。
　　　　416. 雄蕊相互连合为单体；果实成熟时分裂为离果 …… 锦葵科 Malvaceae
　　　　416. 雄蕊各自分离；果实不是离果。
　　　　　417. 子房 1 或 2 室；蒴果 …………………… 瑞香科 Thymelaeaceae
　　　　　　…………………………………………………………（沉香属 Aquilaria）
　　　　　417. 子房室 6 ~ 8 室；蒴果 ………………………… 山榄科 Sapotaceae
　　　　　　…………………………………………………………（紫荆木属 Madhuca）
398. 成熟雄蕊并不多于花冠裂片或有时因花丝的分裂则可过之。
418. 雄蕊和花冠裂片为同数且对生。
　419. 植物体内有乳汁 ……………………………………………… 山榄科 Sapotaceae
　419. 植物体内不含乳汁。
　　420. 果实内有数个至多数种子。
　　　421. 乔木或灌木；果实呈浆果状或核果状 ……………… 紫金牛科 Myrsinaceae
　　　421. 草本；果实呈蒴果状 ……………………………… 报春花科 Primulaceae
　　420. 果实内仅有 1 个种子。
　　　422. 子房下位或半下位。
　　　　423. 乔木或攀援性灌木；叶互生 …………………… 铁青树科 Olacaceae
　　　　423. 常为半寄生性灌木；叶对生 ………………… 桑寄生科 Loranthaceae
　　　422. 子房上位。
　　　　424. 花两性。
　　　　　425. 攀援性草本；萼片 2；果为肉质宿存花萼所包围 ……… 落葵科 Basellaceae
　　　　　　…………………………………………………………（落葵属 Basella）
　　　　　425. 直立草本或亚灌木；有时为攀援性；萼片或萼裂片 5；果为蒴果或瘦果，不
　　　　　　为花萼所包围 ……………………………………… 蓝雪科 Plumbaginaceae

424. 花单性，雌雄异株；攀援性灌木。

    426. 雄蕊连合成单体；雌蕊单纯性 ……………………… 防己科 Menispermaceae

    ……………………………………………………………（锡生藤亚族 Cissampelinae）

    426. 雄蕊各自分离；雌蕊复合性 ……………………… 茶茱萸科 Icacinaceae

    ……………………………………………………………………（微花藤属 *Iodes*）

418. 雄蕊和花冠裂片为同数且互生，或雄蕊数较花冠裂片为少。

  427. 子房下位。

    428. 植物体常以卷须而攀援或蔓生；胚珠及种子皆为水平生长于侧膜胎座上

    ………………………………………………………………… 葫芦科 Cucurbitaceae

    428. 植物体直立，如为攀援时也无卷须；胚珠及种子并不为水平生长。

    429. 雄蕊互相连合。

      430. 花整齐或两侧对称，成头状花序，或在苍耳属 *Xanthium* 中，雌花序为一仅含
        2 花的果壳，其外生有钩状刺毛；子房 1 室，内仅有 1 个胚珠 …………………
        …………………………………………………………… 菊科 Compositae

      430. 花多两侧对称，单生或成总状或伞房花序；子房 2 或 3 室，内有多数胚珠。

      431. 花冠裂片呈镊合状排列；雄蕊 5 个，具分离的花丝及连合的花药
        ………………………………………………………… 桔梗科 Campanulaceae
        ………………………………………………………（半边莲亚科 Lobelioideae）

      431. 花冠裂片呈覆瓦状排列；雄蕊 2 个，具连合的花丝及分离的花药
        ………………………………………………………… 花柱草科 Stylidiaceae
        …………………………………………………………（花柱草属 *Stylidium*）

    429. 雄蕊各自分离。

      432. 雄蕊和花冠相分离或近于分离。

      433. 花药顶端孔裂开；花粉粒连合成四合体；灌木或亚灌木
        ………………………………………………………… 杜鹃花科 Ericaceae
        ………………………………………………………（乌饭树亚科 Vaccinioideae）

      433. 花药纵长裂开；花粉粒单纯；多为草本。

        434. 花冠整齐；子房 2 ~ 5 室，内有多数胚珠 ………… 桔梗科 Campanulaceae

        434. 花冠不整齐；子房 1 ~ 2 室，每个房室内仅有 1 或 2 个胚珠
        ………………………………………………………… 草海桐科 Goodeniaceae

    432. 雄蕊着生于花冠上。

      435. 雄蕊 4 或 5 个，和花冠裂片同数。

      436. 叶互生；每子房室内有多数胚珠………………… 桔梗科 Campanulaceae

      436. 叶对生或轮生；每子房室内有 1 个至多数胚珠。

        437. 叶轮生，如为对生时，则有托叶存在………………… 茜草科 Rubiaceae

        437. 叶对生，无托叶或稀可有明显的托叶。

          438. 花序多为聚伞花序 ………………………… 忍冬科 Caprifoliaceae

          438. 花序为头状花序 ………………………… 川续断科 Dipsacaceae

      435. 雄蕊 1 ~ 4，其数较花冠裂片为少。

      439. 子房 1 室。

      440. 胚珠多数，生于侧膜胎座上 ………… 苦苣苔科 Gesneriaceae

      440. 胚珠 1 个，垂悬于子房的顶端 ……………… 川续断科 Dipsacaceae

      439. 子房 2 室或更多室，具中轴胎座。

441. 子房 2~4 室，所有的子房室均可成熟；水生草本

　　　　…………………………………………………………… 胡麻科 Pedaliaceae

　　　　………………………………………………………………（茶菱属 *Trapella*）

441. 子房 3 或 4 室，仅其中 1 或 2 室可成熟。

　　442. 落叶可常绿的灌木；叶片常全缘或边缘有锯齿

　　　　………………………………………………………… 忍冬科 Caprifoliaceae

　　442. 陆生草本；叶片常有很多的分裂 ……………… 败酱科 Valerianaceae

427. 子房上位。

　443. 子房深裂为 2~4 部分；花柱或数花柱均自子房裂片之间伸出。

　　444. 花冠两侧对称或稀可整齐；叶对生 ………………………… 唇形科 Labiatae

　　444. 花冠整齐；叶互生

　　　445. 花柱 2 个；多年生匍匐性小草本；叶片呈圆肾形……… 旋花科 Convolvulaceae

　　　　…………………………………………………………（马蹄金属 *Dichondra*）

　　　445. 花柱 1 个 ……………………………………………… 紫草科 Boraginaceae

　443. 子房完整或微有分割，或为 2 个分离的心皮所组成；花柱自子房的顶端伸出。

　　446. 雄蕊的花丝分裂。

　　　447. 雄蕊 2 个，各分为 3 裂 ……………………………… 罂粟科 Papaveraceae

　　　　…………………………………………………………（紫堇亚科 Fumarioideae）

　　　447. 雄蕊 5 个，各分为 2 裂 ……………………………… 五福花科 Adoxaceae

　　　　…………………………………………………………（五福花属 *Adoxa*）

　　446. 雄蕊的花丝单纯。

　　　448. 花冠不整齐，常多少有些呈二唇状。

　　　　449. 成熟雄蕊 5 个。

　　　　　450. 雄蕊和花冠离生 ………………………………… 杜鹃花科 Ericaceae

　　　　　450. 雄蕊着生于花冠上 …………………………… 紫草科 Boraginaceae

　　　　449. 成熟雄蕊 2 或 4 个，退化雄蕊有时也可存在。

　　　　　451. 每子房室内仅含 1 或 2 个胚珠（如为后一情形时，也可在次 451 项检索之。）

　　　　　　452. 叶对生或轮生；雄蕊 4 个，稀可 2 个；胚珠直立，稀可垂悬。

　　　　　　　453. 子房 2~4 室，共有 2 个或更多的胚珠 ……… 马鞭草科 Verbenaceae

　　　　　　　453. 子房 1 室，仅含 1 个胚珠 ………………… 透骨草科 Phrymaceae

　　　　　　　　…………………………………………………（透骨草属 *Phryma*）

　　　　　　452. 叶互生或基生；雄蕊 2 或 4 个，胚珠垂悬；子房 2 室，每子房室内仅有 1 个胚珠 ……………………………… 玄参科 Scrophulariaceae

　　　　　451. 每子房室内有 2 个至多数胚珠。

　　　　　　454. 子房 1 室具侧膜胎座或中央胎座（有时可因侧膜胎座的深入而为 2 室）。

　　　　　　　455. 草本或木本植物，不为寄生性，也非食虫性。

　　　　　　　　456. 多为乔木或木质藤本；叶为单叶或复叶，对生或轮生，稀可互生，种子有翅，但无胚乳 …………………………… 紫葳科 Bignoniaceae

　　　　　　　　456. 多为草本；叶为单叶，基生或对生；种子无翅，有或无胚乳

　　　　　　　　　……………………………………………… 苦苣苔科 Gesneriaceae

　　　　　　　455. 草本植物，为寄生性或食虫性。

457. 植物体寄生于其他植物的根部，而无绿叶存在；雄蕊4个；侧膜胎座 ·················· 列当科 Orobanchaceae

457. 植物体为食虫性，有绿叶存在；雄蕊2个；特立中央胎座；多为水生或沼泽植物，且有具距的花冠 ········ 狸藻科 Lentibulariaceae

454. 子房2室～4室，具中轴胎座，或于角胡麻科中为子房1室而具侧膜胎座。

458. 植物体常具分泌黏液的腺体毛茸；种子无胚乳或具一薄层胚乳。

459. 子房最后成为4室；蒴果的果皮质薄而不延伸为长喙；油料植物 ·············· 胡麻科 Pedaliaceae

·············· （胡麻属 *Sesamum*）

459. 子房1室；蒴果的内皮坚硬而呈木质，延伸为钩状长喙；栽培花卉 ··············· 角胡麻科 Martyniaceae

··············· （角胡麻属 *Pooboscidea*）

458. 植物体不具上述的毛茸；子房2室。

460. 叶对生；种子无胚乳，位于胎座的钩状突起上 ·············· 爵床科 Acanthaceae

460. 叶互生或对生；种子有胚乳，位于中轴胎座上。

461. 花冠裂片具深缺刻；成熟雄蕊2个 ·············· 茄科 Solanaceae

·············· （蝴蝶花属 *Schizanthus*）

461. 花冠裂片全缘或仅其先端具一凹陷；成熟雄蕊2或4个 ·············· 玄参科 Scrophulariaceae

448. 花冠整齐；或近于整齐。

462. 雄蕊数较花冠裂片为少。

463. 子房2～4室，每室内仅含1或2个胚珠。

464. 雄蕊2个 ·············· 木犀科 Oleaceae

464. 雄蕊4个。

465. 叶互生，有透明腺体微点存在 ·············· 苦槛蓝科 Myoporaceae

465. 叶对生，无透明微点 ·············· 马鞭草科 Verbenaceae

463. 子房1或2室，每室内有数个至多数胚珠。

466. 雄蕊2个；每子房室内有4～10个胚珠垂悬于室的顶端 ·············· 木犀科 Oleaceae

·············· （连翘属 *Forsythia*）

466. 雄蕊4或2个；每子房室内有多数胚珠着生于中轴或侧膜胎座上。

467. 子房1室，内具分歧的侧膜胎座，或因胎座深入而使子房成2室 ·············· 苦苣苔科 Gesneriaceae

467. 子房为完全的2室，内具有轴胎座。

468. 花冠于蕾中常折迭；子房2心皮的位置偏斜 ······ 茄科 Solanaceae

468. 花冠于蕾中不折迭，而呈覆瓦状排列；子房的2心皮位于前后方 ·············· 玄参科 Scrophulariaceae

462. 雄蕊和花冠裂片同数。

469. 子房2个，或为1个而成熟后呈双角状。

470. 雄蕊各自分离；花粉粒也彼此分离 ·············· 夹竹桃科 Apocynaceae

470. 雄蕊互相连合；花粉粒连成花粉块 ·············· 萝藦科 Asclepiadaceae

469. 子房 1 个，不呈双角状。

 471. 子房 1 室或因 2 侧膜胎座的深入而成 2 室。

  472. 子房为 1 心皮所成。

   473. 花显著，呈漏斗形而簇生；果实为 1 瘦果，有棱或有翅
   ………………………………… 紫茉莉科 Nyctaginaceae
   ………………………………………… （紫茉莉属 *Mirabilis*）

   473. 花小型而形成球形的头状花序；果实为 1 荚果，成熟后则裂为仅
   含 1 种子的节荚……………………………… 豆科 Leguminosae
   ……………………………………………… （含羞草属 *Mimosa*）

  472. 子房为 2 个以上连合心皮所成。

   474. 乔木或攀援性灌木，稀可为一攀援性草本，而体内具有乳汁（例
   如心翼果属 *Cardiopteris*）；果实呈核果状（但心翼果属则为干燥的
   翅果），内有 1 个种子 ……………… 茶茱萸科 Icacinaceae

   474. 草本或亚灌木，于旋花科的麻辣仔藤属 *Erycibe* 中为攀援灌木；
   果实呈蒴果状（或于麻辣仔藤属中呈浆果状），内有 2 个或更多的
   种子。

    475. 花冠裂片呈覆瓦状排列。

     476. 叶茎生，羽状分裂或为羽状复叶（限于我国植物如此）
     ………………………………… 田基麻科 Hydrophyllaceae
     ……………………………………… （水叶旋 Hydrophylleae）

     476. 叶基生，单叶，边缘具齿裂 ………… 苦苣苔科 Gesneriaceae
     ………………………… （苦苣苔属 *Conandron*，黔苣苔属 *Tengia*）

    475. 花冠裂片常呈旋转状或内折的镊合状排列。

     477. 攀援性灌木；果实呈浆果状，内有少数种子
     ………………………………… 旋花科 Convolvulaceae
     ……………………………………… （麻辣仔藤属 *Erycibe*）

     477. 直立陆生或漂浮水面的草本；果实呈蒴果状，内有少数至多
     数种子 ……………………………… 龙胆科 Gentianaceae

471. 子房 2～10 室。

 478. 无绿叶而为缠绕性的寄生植物………………… 旋花科 Convolvulaceae
 （菟丝子亚科 Cuscutoideae）

 478. 不是上述的无叶寄生植物。

  479. 叶常对生，且多在两叶之间具有托叶所成的连接线或附属物
  ……………………………………………… 马钱科 Loganiaceae

  479. 叶常互生，或有时基生，如为对生时，其两叶之间也无托叶所成
  的连系物，有时其叶也可轮生。

   480. 雄蕊和花冠离生或近于离生。

    481. 灌木或亚灌木；花药顶端孔裂；花粉粒为四合体；子房常 5
    室……………………………………… 杜鹃花科 Ericaceae

    481. 一年和多年生草本，常为缠绕性；花药纵长裂开；花粉粒单
    纯；子房常 3 室～5 室 ………… 桔梗科 Campanulaceae

   480. 雄蕊着生于花冠的筒部。

    482. 雄蕊 4 个，稀可在冬青科为 5 个或更多。

483. 无主茎的草本，具由少数至多数花朵所形成的穗状花序生于一基生花葶上 …………………… 车前科 Plantaginaceae
…………………………………………（车前属 *Plantago*）

483. 乔木、灌木、或具有主茎的草本。

484. 叶互生，多常绿 ………………… 冬青科 Aquifoliaceae
………………………………………………（冬青属 *Ilex*）

484. 叶对生或轮生。

485. 子房 2 室，每室内有多数胚珠
………………………… 玄参科 Scrophulariaceae

485. 子房 2 室至多室，每室内有 1 或 2 个胚珠
………………… 马鞭草科 Verbenaceae

482. 雄蕊常 5 个，稀可更多。

486. 每子房室内仅有 1 或 2 个胚珠。

487. 子房 2 或 3 室；胚珠自子房室近顶端垂悬；木本植物；叶全缘。

488. 每花瓣 2 裂或 2 分；花柱 1 个；子房无柄，2 或 3 室，每室内各有 2 个胚珠；核果；有托叶 …………
………………………… 毒鼠子科 Dichapetalaceae
………………………（毒鼠子属 *Dichapetalum*）

488. 每花瓣均完整；花柱 2 个；子房具柄，2 室，每室内仅有 1 个胚珠；翅果；无托叶 …… 茶茱萸科 Icacinaceae

487. 子房 1~4 室；胚珠在子房室基底或中轴的基部直立或上举；无托叶；花柱 1 个，稀可 2 个，有时在紫草料的破布木属 *Cordia* 中其先端可成两次的 2 分。

489. 果实为核果；花冠有明显的裂片，并在蕾中呈覆瓦状或旋转状排列；叶全缘或有锯齿；通常均为直立木本或草本，多粗壮或具刺毛 ……… 紫草科 Boraginaceae

489. 果实为蒴果；花瓣完整或具裂片，叶全缘或具裂片，但无锯齿缘。

490. 通常为缠绕性稀可为直立草本，或为半木质的攀援植物至大型木质藤本（例如盾苞藤属 *Neuropeltis*）；萼片多互相分离；花冠常完整而几无裂片，于蕾中呈旋转状排列，也可有时深裂而其裂片成内折的镊合状排列（例如盾苞藤属）…………………
………………………… 旋花科 Convolvulaceae

490. 通常均为直立草本；萼片连合成钟形或筒状；花冠有明显的裂片，唯于蕾中也成旋转状排列…………
………………………… 花荵科 Polemoniaceae

486. 每子房室内有多数胚珠，或在花荵科中有时为 1 至数个；多无托叶。

491. 高山区生长的耐寒旱性低矮多年生草本或丛生亚灌木；叶多小型，常绿，紧密排列成覆瓦状或莲座式；花无花盘；花单生至聚集成几为头状花序；花冠裂片成覆瓦状

　　　　　　排列；子房 3 室；花柱 1 个；柱头 3 裂；蒴果室背开裂

　　　　　　…………………………………… 岩梅科 Diapensiaceae

　　491. 草本或木本，不为耐寒旱性；叶常为大型或中型，脱落
　　　　性，疏松排列而各自展开；花多有位于子房下方的
　　　　花盘。

　　　　492. 花冠不于蕾中折送，其裂片呈旋转状排列，或在田基
　　　　　　麻科中为覆瓦状排列。

　　　　　　493. 叶为单叶，或在花荵属 Polemonium 为羽状分裂或分
　　　　　　　　为羽状复叶；子房 3 室（稀可 2 室）；花柱 1 个；柱
　　　　　　　　头 3 裂；蒴果多室背开裂 …… 花荵科 Polemoniaceae

　　　　　　493. 叶为单叶，且在田基麻属 Hydrolea 为全缘；子房 2
　　　　　　　　室；花柱 2 个；柱头呈头状；蒴果室间开裂 ……
　　　　　　　　………………………… 田基麻科 Hydrophyllaceae
　　　　　　　　………………………………（田基麻族 Hydroleeae）

　　　　492. 花冠裂片呈镊合状排列，或其花冠于蕾中折送，且成
　　　　　　旋转状排列；花萼常宿存；子房 2 室；或在茄科中为
　　　　　　假 3 至假 5 室；花柱 1 个；柱头完整或 2 裂。

　　　　　　494. 花冠多于蕾中折送，其裂片呈覆瓦状排列；或在曼
　　　　　　　　陀罗属 Datura 成旋转状排列，稀可在枸杞属 Lycium
　　　　　　　　和颠茄属 Atropa 等属中，并不于蕾中折送，而呈覆
　　　　　　　　瓦状排列，雄蕊的花丝无毛；浆果，或为纵裂或横
　　　　　　　　裂的蒴果 ………………………… 茄科 Solanaceae

　　　　　　494. 花冠不于蕾中折送，其裂片覆瓦状排列；雄蕊的花
　　　　　　　　丝具毛茸（尤以后方的 3 个如此）。

　　　　　　　　495. 室间开裂的蒴果 ………… 玄参科 Scrophulariaceae
　　　　　　　　……………………………………（毛蕊花属 Verbascum）

　　　　　　　　495. 浆果，有刺灌木 ………………… 茄科 Solanaceae
　　　　　　　　…………………………………………（枸杞属 Lycium）

1. 子叶 1 个；茎无中央髓部，也无呈年轮状的生长；叶多具平行叶脉；花为三出数，有时为四出数，
　　但极少为五出数 ……………………………… 单子叶植物纲 Monocotyledoneae
　　496. 木本植物，或其叶于芽中呈折迭状。
　　　　497. 灌木或乔木；叶细长或呈剑状，在芽中不呈折迭状………… 露兜树科 Pandanaceae
　　　　497. 木本或草本；叶甚宽，常为羽状或扇形的分裂，在芽中呈折迭状而有强韧的平行脉或射
　　　　　　出脉
　　　　　　498. 植物体多甚高大，呈棕榈状，具简单或分枝少的主干；花为圆锥或穗状花序，托以佛焰
　　　　　　　　状苞片 …………………………………………………… 棕榈科 Palmae
　　　　　　498. 植物体常为无主茎的多年生草本，具常深裂为 2 片的叶片；花为紧密的穗状花序
　　　　　　　　……………………………………………………… 环花科 Cyclanthaceae
　　　　　　　　………………………………………………………（巴拿马草属 Carludovica）
　　496. 草本植物或稀可为木质茎，但其叶于芽中从不呈折迭状。
　　　　499. 无花被或在眼子菜科中很小。
　　　　　　500. 花包藏于或附托以呈覆瓦状排列的壳状鳞片（特称为颖）中，由多花至 1 花形成小穗
　　　　　　　　（自形态学观点而言，此小穗实即简单的穗状花序）。

501. 秆多少有些呈三棱形，实心；茎生叶呈三行排列；叶鞘封闭；花药以基底附着花丝；果实为瘦果或囊果 ⋯⋯⋯⋯⋯⋯⋯⋯⋯⋯⋯⋯⋯⋯⋯⋯⋯⋯⋯⋯⋯⋯ 莎草科 Cyperaceae

501. 秆常呈圆筒形；中空；茎生叶呈二行排列；叶鞘常在一侧纵裂开；花药以其中部附着花丝；果实通常为颖果 ⋯⋯⋯⋯⋯⋯⋯⋯⋯⋯⋯⋯⋯⋯⋯⋯⋯⋯⋯ 禾本科 Gramineae

500. 花虽有时排列为具总苞的头状花序，但并不包藏于呈壳状的鳞片中。

502. 植物体微小，无真正的叶片，仅具无茎而漂浮水面或沉没水中的叶状体 ⋯⋯⋯⋯⋯⋯⋯⋯⋯⋯⋯⋯⋯⋯⋯⋯⋯⋯⋯⋯⋯⋯⋯⋯⋯⋯⋯ 浮萍科 Lemnaceae

502. 植物体常具茎，也具叶，其叶有时可呈鳞片状。

503. 水生植物，具沉没水中或漂浮水面的片叶。

504. 花单性，不排列成穗状花序。

505. 叶互生；花成球形的头状花序 ⋯⋯⋯⋯⋯⋯⋯ 黑三棱科 Sparganiaceae ⋯⋯⋯⋯⋯⋯⋯⋯⋯⋯⋯⋯⋯⋯⋯⋯⋯⋯⋯⋯⋯ （黑三棱属 *Sparganium*）

505. 叶多对生或轮生；花单生，或在叶腋间形成聚伞花序。

506. 多年生草本；雌蕊 1 个或更多而互相分离的心皮所成；胚珠自子房室顶端垂悬 ⋯⋯⋯⋯⋯⋯⋯⋯⋯⋯⋯⋯⋯⋯⋯⋯⋯⋯ 眼子菜科 Potamogetonaceae ⋯⋯⋯⋯⋯⋯⋯⋯⋯⋯⋯⋯⋯⋯⋯⋯⋯⋯⋯⋯ （角果藻族 Zannichellieae）

506. 一年生草本；雌蕊 1 个，具 2～4 柱头；胚珠直立于子房室的基底 ⋯⋯⋯⋯⋯⋯⋯⋯⋯⋯⋯⋯⋯⋯⋯⋯⋯⋯⋯⋯⋯⋯⋯ 茨藻科 Najadaceae ⋯⋯⋯⋯⋯⋯⋯⋯⋯⋯⋯⋯⋯⋯⋯⋯⋯⋯⋯⋯⋯⋯⋯ （茨藻属 *Najas*）

504. 花两性或单性，排列成简单或分歧的穗状花序。

507. 花排列于 1 扁平穗轴的一侧。

508. 海水植物；穗状花序不分歧，但具雌雄同珠或异珠的单性花；雄蕊 1 个，具无花丝而为 1 室的花药；雌蕊 1 个，具 2 柱头；胚珠 1 个，垂悬于子房室的顶端 ⋯⋯⋯⋯⋯⋯⋯⋯⋯⋯⋯⋯⋯⋯⋯⋯⋯⋯⋯ 眼子菜科 Potamogetonaceae ⋯⋯⋯⋯⋯⋯⋯⋯⋯⋯⋯⋯⋯⋯⋯⋯⋯⋯⋯⋯ （大叶藻属 *Zostera*）

508. 淡水植物；穗状花序常分为二岐而具两性花；雄蕊 6 个或更多，具极细长的花丝和 2 室的花药；雌蕊为 3～6 个离生心皮所成；胚珠在每室内 2 个或更多，基生 ⋯⋯⋯⋯⋯⋯⋯⋯⋯⋯⋯⋯⋯⋯⋯⋯⋯⋯ 水蕹科 Aponogetonaceae ⋯⋯⋯⋯⋯⋯⋯⋯⋯⋯⋯⋯⋯⋯⋯⋯⋯⋯⋯⋯ （水蕹属 *Aponogeton*）

507. 花排列于穗轴的周围，多为两性花；胚珠常仅 1 个⋯⋯ 眼子菜科 Potamogetonaceae

503. 陆生或沼泽植物，常有位于空气中的叶片。

509. 叶有柄，全缘或有各种形状的分裂，具网状脉；花形成一肉穗花序，后者常有一大型而常具色彩的佛焰苞片 ⋯⋯⋯⋯⋯⋯⋯⋯⋯⋯⋯⋯⋯⋯⋯ 天南星科 Araceae

509. 叶无柄，细长形、剑形，或退化为鳞片状，其叶片常具平行脉。

510. 花形成紧密的穗状花序，或在帚灯草科为疏松的圆锥花序。

511. 陆生或沼泽植物；花序为由位于苞腋间的小穗所组成的疏散圆锥花序；雌雄异株；叶多呈鞘状 ⋯⋯⋯⋯⋯⋯⋯⋯⋯⋯⋯⋯⋯⋯⋯ 帚灯草科 Restionaceae ⋯⋯⋯⋯⋯⋯⋯⋯⋯⋯⋯⋯⋯⋯⋯⋯⋯⋯⋯ （薄果草属 *Leptocarpus*）

511. 水生或沼泽植物；花序为紧密的穗状花序。

512. 穗状花序位于一呈二棱形的基生花葶的一侧，而另一侧则延伸为叶状的佛焰苞片；花两性 ⋯⋯⋯⋯⋯⋯⋯⋯⋯⋯⋯⋯⋯⋯⋯⋯⋯⋯ 天南星科 Araceae ⋯⋯⋯⋯⋯⋯⋯⋯⋯⋯⋯⋯⋯⋯⋯⋯⋯⋯⋯⋯⋯ （石菖蒲科 *Acorus*）

512. 穗状花序位于一圆柱形花梗的顶端；形如蜡烛而无佛焰苞；雌雄同株

        …………………………………………………………… 香蒲科 Typhaceae

 510. 花序有各种型式。

  513. 花单性，成头状花序。

   514. 头状花序单生于基生无叶的花葶顶端；叶狭窄，呈禾草状，有时叶为膜质

    …………………………………………………………… 谷精草科 Eriocaulaceae

    ………………………………………………………………（谷精草属 *Eriocaulon*）

   514. 头状花序散生于具叶的主茎或枝条的上部，雄性者在上，雌性者在下；叶细

    长，呈扁三棱形，直立或漂浮水面，基部呈鞘状 …… 黑三棱科 Sparganiaceae

    ………………………………………………………………（黑三棱属 *Sparganium*）

  513. 花常两性。

   515. 花序呈穗状或头状，包藏于 2 个互生的叶状苞片中；无花被；叶小，细长形

    或呈丝状；雄蕊 1 或 2 个；子房上位，1 ~ 3 室，每子房室内仅有 1 个垂悬胚

    珠 …………………………………………………… 刺鳞草科 Centrolepidaceae

   515. 花序不包藏于叶状的苞片中；有花被。

    516. 子房 3 ~ 6，至少在成熟时互相分离 ………………… 水麦冬科 Juncaginaceae

    ………………………………………………………………（水麦冬属 *Triglochin*）

    516. 子房 1 个，由 3 心皮连合所组成 ……………………… 灯心草科 Juncaceae

499. 有花被，常显著，且呈花瓣状。

 517. 雌蕊 3 个至多数，互相分离。

  518. 死物寄生性植物，具呈鳞片状而无绿色叶片。

   519. 花两性，具 2 层花被片；心皮 3 个，各有多数胚珠 ………………… 百合科 Liliaceae

    …………………………………………………………………（无叶莲属 *Petrosavia*）

   519. 花单性或稀可杂性，具一层花被片；心皮数个，各仅有 1 个胚珠

    ………………………………………………………………… 霉草科 Triuridaceae

    …………………………………………………………………（喜阴草属 *Sciaphila*）

  518. 不是死物寄生性植物，常为水生或沼泽植物，具有发育正常的绿叶。

   520. 花被裂片彼此相同；叶细长，其部具鞘 ………………… 水麦冬科 Jnncaginaceae

    ………………………………………………………………（芝菜属 *Scheuchzeria*）

   520. 花被裂片分化为萼片和花瓣 2 轮。

    521. 叶（限于我国植物）呈细长形，直立；花单生或成伞形花序；菁葖果

    ………………………………………………………………………… 科 Butomaceae

    …………………………………………………………………（蔄?? 属 *Butomus*）

    521. 叶呈细长兼披针形至卵圆形，常为箭镞状而具长柄；花常轮生，成总状或圆锥花

    序；瘦果 ……………………………………………………… 泽泻科 Alismataceae

 517. 雌蕊 1 个，复合性或于百合科的岩菖蒲属 *Tofieldia* 中其心皮近于分离。

  522. 子房上位，或花被和子房相分离。

   523. 花两侧对称；雄蕊 1 个，位于前方，即着生于远轴的 1 个花被片的基部

    ………………………………………………………………… 田葱科 Philydraceae

    …………………………………………………………………（田葱属 *Philydrum*）

   523. 花辐射对轴，稀可两侧对称；雄蕊 3 个或更多。

    524. 花被分化为花萼和花冠 2 轮，后者于百合科的重楼族中，有时为细长形或线形的

    花瓣所组成，稀可缺如。

     525. 花形成紧密而具有鳞片的头状花序；雄蕊 3 个；子房 1 室

………………………………………………………………………… 黄眼草科 Xyridaceae

………………………………………………………………………… （黄眼草属 *Xyris*）

525. 花不形成头状花序；雄蕊数在 3 个以上。

 526. 叶互生，基部具鞘，平行脉；花为腋生或顶生的聚伞花序；雄蕊 6 个，或因
  退化而数较少 ………………………………………… 鸭跖草科 Commelinaceae

 526. 叶以 3 个或更多个生于茎的顶端而成一轮，网状脉而于基部具 3～5 脉；花单
  独顶生；雄蕊 6 个、8 个或 10 个 …………………………… 百合科 Liliaceae

………………………………………………………………………… （重楼族 Parideae）

524. 花被裂片彼此相同或近于相同，或于百合科的白丝草属 *Chinographis* 中则极不相
 同，又在同科的油点草属 *Tricyrtis* 中其外层 3 个花被裂片的基部呈囊状。

527. 花小型，花被裂片绿色或棕色。

 528. 花位于一穗形总状花序上；蒴果自一宿存的中轴上裂为 3～6 瓣，每果瓣内仅
  有 1 个种子 ………………………………………… 水麦冬科 Juncaginaceae

………………………………………………………………………… （水麦冬属 Triglochin）

 528. 花位于各种型式的花序上；蒴果室背开裂为 3 瓣，内有多数至 3 个种子

………………………………………………………………………… 灯心草科 Juncaceae

527. 花大型或中型，或有时为小型，花被裂片多少有些具鲜明的色彩。

 529. 叶（限于我国植物）的顶端变为卷须，并有闭合的叶鞘；胚珠在每室内仅有
  为 1 个；花排列为顶生的圆锥花序 ……………………… 须叶藤科 Flagellariaceae

………………………………………………………………………… （须叶藤属 *Flagellaria*）

 529. 叶的顶端不变为卷须；胚珠在每个房室内为多数，稀可仅为 1 个或 2 个。

  530. 直立或漂浮的水生植物；雄蕊 6 个，彼此不相同，或有时有不育者

………………………………………………………………………… 雨久花科 Pontederiaceae

  530. 陆生植物；雄蕊 6 个，4 个或 2 个，彼此相同。

   531. 花为四出数，叶（限于我国植物）对生或轮生，具有显著纵脉及密生的
    横脉 ………………………………………………… 百部科 Stemonaceae

………………………………………………………………………… （百部属 *Stemona*）

   531. 花为三出或四出数；叶常基生或互生 ………………… 百合科 Lilaceae

522. 子房下位，或花被多少有些和子房相愈合。

 532. 花两侧对称或为不对称形。

  533. 花被片均成花瓣状；雄蕊和花柱多少有些互相连合 ……………… 兰科 Orchidaceae

  533. 花被片并不是均成花瓣状，其外层者形如萼片；雄蕊和花柱相分离。

   534. 后方的 1 个雄蕊常为不育性，其余 5 个则均发育而具有花药。

    535. 叶和苞片排列成螺旋状；花常因退化而为单性；浆果；花管呈管状，其一侧
     不久即裂开 …………………………………………… 芭蕉科 Musaceae

………………………………………………………………………… （芭蕉属 *Musa*）

    535. 叶和苞片排列成 2 行；花两性，蒴果。

     536. 萼片互相分离或至多可和花冠相连合；居中的 1 花瓣并不成为唇瓣
………………………………………………………………… 芭蕉科 Musaceae

………………………………………………………………………… （鹤望兰属 *Strelitzia*）

     536. 萼片相连合成管状；居中（位于远轴方向）的 1 花瓣为大形而唇瓣
………………………………………………………………… 芭蕉科 Musaceae

………………………………………………………………………… （兰花蕉属 *Orchidantha*）

534. 后方的 1 个雄蕊发育而具有花药。其余 5 个则退化，或变形为花瓣状。

    537. 花药 2 室；萼片互相连合为一萼筒，有时呈佛焰苞状 ⋯⋯ 姜科 Zingiberaceae

    537. 花药 1 室；萼片互相分离或至多彼此相衔接。

      538. 子房 3 室，每个房室内有多数胚珠位于中轴胎座上；各不育雄蕊呈花瓣状，
         互相于基部简短连合 ⋯⋯⋯⋯⋯⋯⋯⋯⋯⋯⋯⋯⋯⋯ 美人蕉科 Cannaceae
         ⋯⋯⋯⋯⋯⋯⋯⋯⋯⋯⋯⋯⋯⋯⋯⋯⋯⋯⋯⋯ （美人蕉属 *Canna*）

      538. 子房 3 室或因退化而成 1 室，每子房室内仅含 1 个基生胚珠；各不育雄蕊也
         呈花瓣状，唯多少有些互相连合 ⋯⋯⋯⋯⋯⋯⋯⋯⋯ 竹芋科 Marantaceae

532. 花常辐射对称，也即花整齐或近于整齐。

  539. 水生草本，植物体部分或全部沉没水中 ⋯⋯⋯⋯⋯ 水鳖科 Hydrocharitaceae

  539. 陆生草本。

    540. 植物体为攀援性；叶片宽广，具网状脉（还有数主脉）和叶柄
      ⋯⋯⋯⋯⋯⋯⋯⋯⋯⋯⋯⋯⋯⋯⋯⋯⋯⋯⋯ 薯蓣科 Dioscoreaceae

    540. 植物体不为攀援性；叶具平行脉。

      541. 雄蕊 3 个。

        542. 叶 2 行排列，两侧扁平而无背腹面之分，由下向上重叠跨覆；雄蕊和花被
           的外层裂片相对生 ⋯⋯⋯⋯⋯⋯⋯⋯⋯⋯⋯⋯⋯⋯ 鸢尾科 Iridaceae

        542. 叶不为 2 行排列；茎生叶呈鳞片状；雄蕊和花被的内层裂片相对生
           ⋯⋯⋯⋯⋯⋯⋯⋯⋯⋯⋯⋯⋯⋯⋯⋯ 水玉簪科 Burmanniaceae

      541. 雄蕊 6 个。

        543. 果实为浆果或蒴果，而花被残留物多少和它相合生，或果实为一聚花果；
           花被的内层裂片各于其基部有 2 舌状物；叶呈带形，边缘有刺齿或全缘 ⋯
           ⋯⋯⋯⋯⋯⋯⋯⋯⋯⋯⋯⋯⋯⋯⋯⋯⋯⋯ 凤梨科 Bromieliaceae

        543. 果实为蒴果或浆果，仅为 1 花所成；花被裂片无附属物。

          544. 子房 1 室，内有多数胚珠位于侧膜胎座上；花序为伞形，具长丝状的总
             苞片 ⋯⋯⋯⋯⋯⋯⋯⋯⋯⋯⋯⋯⋯⋯⋯⋯⋯ 蒟蒻薯科 Taccaceae

          544. 子房 3 室，内有多数至少数胚珠位于中轴胎座上。

            545. 子房部分下位 ⋯⋯⋯⋯⋯⋯⋯⋯⋯⋯⋯⋯⋯ 百合科 Liliaceae
              ⋯⋯（肺筋草属 *Aletris*，沿阶草属 *Ophiopogon*，球子草属 *Peliosanthes*）

            545. 子房完全下位 ⋯⋯⋯⋯⋯⋯⋯⋯⋯⋯⋯ 石蒜科 Amaryllidaceae

附录 4
主要参考文献

［1］ 孙启时主编．药用植物学．北京：中国医药科技出版社，2011.
［2］ 张浩主编．药用植物学．北京：人民卫生出版社，2011.
［3］ 黄宝康主编．药用植物学实践与学习指导．北京：人民卫生出版社，2011.
［4］ 叶创兴、冯虎元．植物学实验指导．北京：清华大学出版社，2006.
［5］ 周仪主编．植物形态解剖实验．北京：北京师范大学出版社，1987.
［6］ 王灶安主编．植物显微技术．北京：农业出版社，1992.
［7］ 汪颈武、杨继．种子植物分类学实验和实习．北京：高等教育出版社，1989.
［8］ 李正理．植物组织制片学．北京：北京大学出版社，1996.
［9］ 丘安经主编．植物学实验指导．广州：华南理工大学出版社，2006.
［10］ 吴人坚、张丕方、郑师章等．植物学实验方法。上海：上海科学技术出版社，1987.
［11］ 路金才．药用植物学实验．北京：中国医药科技出版社，2006.
［12］ 金银根主编．植物学实验与技术．北京：科学出版社．
［13］ 段国禄、施江等．植物制片、标本制作和植物鉴定．北京：气象出版社，2008.
［14］ 高信曾．植物学实验指导．北京：高等教育出版社，1986.
［15］ 何凤仙主编．植物学实验．北京：高等教育出版社，2000.
［16］ 张彪、淮虎银、金银根主编．植物分类学实验．南京：东南大学出版社，2002.
［17］ 谢国文等编著．植物学实验实习指导．中国科学文化出版社，2003.
［18］ 张乃群、朱自学．植物学实验与实习指导．北京：化学工业出版社，2006.